WTB

Biologie und Landwirtschafts-wissenschaften

WISSENSCHAFTLICHE TASCHENBÜCHER

FRANZ FUKAREK

Pflanzen-soziologie

AKADEMIE-VERLAG · BERLIN

WTB

BAND 14

Franz Fukarek

Pflanzensoziologie

Mit 10 Abbildungen und 10 Tabellen

AKADEMIE-VERLAG · BERLIN

1964

Reihe BIOLOGIE
UND LANDWIRTSCHAFTSWISSENSCHAFTEN

Verantwortlicher Herausgeber dieses Bandes

Prof. Dr. H. Borriss

Verfasser

Prof. Dr. F. Fukarek, Greifswald

Botanisches Institut der Ernst-Moritz-Arndt-Universität Greifswald,
Abt. für Taxonomie und Vegetationskunde

Erschienen im Akademie-Verlag GmbH,
Berlin W 8, Leipziger Straße 3—4

Lizenznummer: 202·100/439/64
Kartengenehmigung: Nr. 879/63
Gesamtherstellung: VEB Druckerei „Thomas Müntzer" Bad Langensalza
ES 18 G 2
Bestellnummer: 7014 · Preis: DM 8,—

Inhaltsverzeichnis

I. Einleitung

Wohl jedem, der mit offenen Augen durch die Natur geht, ist die Tatsache geläufig, daß die meisten Pflanzen nicht einzeln wachsen, sondern mit einer verschieden großen Zahl anderer zusammen vorkommen. Ebenso ist seit langem bekannt, daß nicht jede Art überall zu finden ist: Man sucht z. B. ein Buschwindröschen nur im Wald, das Mottenkraut nur im Moor oder die Sumpfdotterblume nur in feuchten bis nassen Wiesen. Die Kenntnis solcher einfacher Zusammenhänge ist uraltes Volksgut. Wir wissen nicht, wer sie zuerst entdeckte; es ist aber sehr wahrscheinlich, daß bereits der vorgeschichtliche Mensch derartige Erfahrungen sammelte. Sie haben ihm sicherlich geholfen, die für ihn wichtigen Nahrungs- und Heilpflanzen aufzufinden.

Eine sehr beträchtliche Erweiterung erfuhr dieses Erfahrungsgut später durch die *Floristik*, die besonders im vorigen Jahrhundert in hoher Blüte stand. Für den Laien ist es immer wieder besonders eindrucksvoll, wenn er mit einem erfahrenen Floristen durch Wald und Flur streift und dieser plötzlich behauptet: „Hier stehen diese und jene Arten, also müßte hier eigentlich auch die Art X Y zu finden sein" — und wenn die vermutete Art dann tatsächlich nach kurzem Suchen aufgespürt wird.

In allen diesen Beobachtungen steckt unbewußt die Kenntnis von der Vergesellschaftung der Pflanzen bzw. die Kenntnis gewisser Pflanzengemeinschaften. Man muß sich daher eigentlich wundern, daß die Pflanzengemeinschaften erst sehr spät Gegenstand wissenschaftlicher Forschung wurden.

1. Entwicklung der Pflanzensoziologie

Die Lehre von den Pflanzengemeinschaften bzw. -gesellschaften, die Pflanzensoziologie, ist in der Tat ein sehr junger Wissenschaftszweig. Es ist zwar schwer, ein genaues „Geburtsdatum“ angeben zu wollen; man geht aber wohl nicht allzu fehl, wenn man ihr Alter mit etwa 40 bis 60 Jahren beziffert.

Man könnte meinen, daß sich die Pflanzensoziologie aus der erwähnten *Floristik* herausentwickelt habe. Dem ist jedoch nicht so, auch wenn gediegene floristische Kenntnisse heute die unumgängliche Grundlage für jedes pflanzensoziologische Arbeiten darstellen. Die Entwicklung ging vielmehr von der *älteren Pflanzengeographie* aus. Es dürfte daher angebracht sein, auch auf diese kurz hinzuweisen.

Um 1800 erfuhr die wissenschaftliche Erforschung fremder Erdteile einen erheblichen Aufschwung. Es ist verständlich, daß dabei auch die fremdartige Vegetation, besonders der tropischen Gebiete, einen tiefen Eindruck auf die Forscher machte und daß man versuchte, die Vegetation bei den Landesbeschreibungen entsprechend zu berücksichtigen; ist sie doch oft ein bestimmender Faktor des Landschaftsbildes. Zu jener Zeit ging es vor allem um die Erforschung großräumiger Verhältnisse, um die Gewinnung eines Überblickes; dementsprechend war auch die Vegetationsuntersuchung ausgerichtet. Da die Artenkenntnisse, besonders der tropischen Gebiete, noch sehr lückenhaft waren, erfolgte die Vegetationsbeschreibung nach *physiognomischen Gesichtspunkten* (z. B. ALEXANDER VON HUMBOLDT). Solche physiognomisch gefaßten, großräumigen Vegetationseinheiten bezeichnete man als *Forma-*

tionen. Diese Darstellungsweise entsprach den Fragestellungen und auch den Möglichkeiten der damaligen Zeit: man wollte ja vor allem „beschreiben“, das Landschafts„bild“ wiedergeben. — Für einen großen Teil des 19. Jh. war daher der Begriff „Pflanzengeographie“ praktisch gleichbedeutend mit „Formationskunde“.

In Mitteleuropa wurden diese Methoden der Vegetationsbeschreibung bald übernommen, erfuhren jedoch durch die Verbindung mit der Floristik eine erhebliche Erweiterung und Verfeinerung. Besonders in der zweiten Hälfte des 19. Jh. entstanden viele Werke der „klassischen Pflanzengeographie“, die sich durch Gediegenheit ihrer Schilderungen auszeichnen. Es sei nur an KERNER VON MARILAUN (Pflanzenleben der Donauländer, 1863), SENDTNER (Vegetationsverhältnisse Südbayerns, 1854), GRISEBACH (Vegetation der Erde, 1872), GRADMANN (Pflanzenleben der Schwäbischen Alb, 1898), DRUDE (Hercynischer Florenbezirk, 1902) oder SCHRÖTER (Pflanzenleben der Alpen, 1904—1908) erinnert, um nur einige wenige zu nennen. Viele dieser Arbeiten haben heute dokumentarischen Wert, da sie z. T. die Vegetationsverhältnisse wiedergeben, die vor der Industrialisierung bzw. der Intensivierung der Forstwirtschaft vorhanden waren.

Etwa um die Jahrhundertwende waren in Mitteleuropa die großen Züge der Vegetation bekannt. So erwuchs das Bestreben, auch die Vegetation kleinerer Gebiete zu erfassen, genau zu durchforschen und dafür möglichst objektive Untersuchungsmethoden zu finden.

Aus diesen Bemühungen entwickelte sich ziemlich gleichzeitig in verschiedenen Gebieten die moderne Pflanzensoziologie. Man kann daher die Pflanzensoziologie als Fortsetzung, als Weiterentwicklung der älteren Pflanzengeographie bzw. der Formationskunde bezeichnen.

Aus der älteren Pflanzengeographie entstanden noch weitere Spezialrichtungen, die sich bald zu selbständigen Forschungszweigen entwickelten. Die *Chorologie*, die auch als Arealkunde oder floristische Pflanzengeographie bezeichnet wird, hat vor allem das Studium der Verbreitung der einzelnen taxonomischen Einheiten (Arten usw.) zum Ziele. Diese Arbeitsrichtung wird häufig bei Fragen angewendet, bei denen es mehr auf eine große Übersicht ankommt. Man spricht dann zwar oft von „pflanzengeographischer Charakterisierung“, die aber genaugenommen eine chorologische ist. Die Bezeichnung „Pflanzengeographie“ hat in diesem Gebrauch die Bedeutung von „Pflanzengeographie im engeren Sinne“. Von manchen Autoren wird der Terminus Pflanzengeographie als Synonym für Chorologie verwendet. Diese Meinung dürfte darauf zurückzuführen sein, daß man die Aufgabe der Pflanzengeographie im allgemeinen als „Beschäftigung mit der Verbreitung der Pflanzen auf der Erdoberfläche“ definiert und diese Definition in einem sehr engen, wörtlichen Sinn ausgelegt wird. Wir können uns einer derartigen Einengung des Begriffes der Pflanzengeographie jedoch nicht anschließen.

Die *ökologische Pflanzengeographie* entstand unter dem Einfluß der stürmischen Entwicklung der Physiologie und beschäftigt sich vor allem mit den ökologischen Grundlagen der Pflanzenverbreitung. Bereits viele der älteren Pflanzengeographen befaßten sich recht eingehend mit den Zusammenhängen zwischen der Pflanzendecke und den standörtlichen Bedingungen, ja, sie verwendeten die Ökologie sogar als Grundlage für die Aufstellung vegetationskundlicher Systeme.

Neuerdings hat diese Arbeitsrichtung – jedoch auf der Basis der modernen Pflanzensoziologie und unter Verwendung neuer Untersuchungsmethoden – unter der Bezeichnung „Synökologie“ wieder einen beträchtlichen Aufschwung genommen.

Schließlich sei noch die *historische* oder *genetische Pflanzengeographie* erwähnt, die die Erforschung der Floren- und Vegetationsgeschichte zum Ziele hat. In der Anfangsperiode dieser Richtung, in der historische Schlußfolgerungen nahezu ausschließlich aus der derzeitigen Verbreitung bestimmter Pflanzen gezogen wurden, legte man besonderen Wert auf die Rekonstruktion von „Wanderwegen" und dgl. Die Ergebnisse dieser Untersuchungen trugen oft einen ziemlich spekulativen Charakter, da ihnen echte historische Methoden nicht zugrunde lagen. Zu einer Vertiefung dieser Arbeitsrichtung kam es erst später, als z. B. durch die Paläobotanik oder die Pollenanalyse ein entsprechend gesichertes Tatsachenmaterial zur Verfügung stand.

2. *Stellung der Pflanzensoziologie im Rahmen der Geobotanik*

Aus dem bisher Gesagten ergibt sich folgende Gliederung der Pflanzengeographie — oder der *Geobotanik*, wie man sie jetzt auch vielfach bezeichnet — in Spezialgebiete:

Pflanzengeographie (= Geobotanik)

- Floristische Pflanzengeographie (Chorologie)
- Ökologische Pflanzengeographie
- Historische Pflanzengeographie
- Vegetationskunde
  - Formationskunde
  - Pflanzensoziologie

Sowohl die ältere Formationskunde als auch die daraus hervorgegangene Pflanzensoziologie haben die Pflanzendecke, d. h. die Vegetation eines Gebietes, zum Untersuchungsgegenstand. Ob man wie hier beide Sparten unter dem Oberbegriff der Vegetationskunde zusammenfaßt oder ob man Pflanzensoziologie und Vegetationskunde als synonyme Bezeichnungen wertet, ist Auffassungssache. Die oben dargelegte Begriffsstufung läßt sich damit begründen, daß die heutige Pflanzensoziologie üblicherweise nicht mehr mit Formationen arbeitet.

Noch eine terminologische Angelegenheit sei in diesem Zusammenhang erwähnt: Die Bezeichnung „Pflanzensoziologie" ist öfters aus sprachlichen und sachlichen Gründen kritisiert worden. Vor allem wird angeführt, daß der zweite Teil des Wortes zu irrigen Vergleichen mit der Soziologie als der Lehre von der menschlichen Gesellschaft Anlaß geben könnte. Die von einigen Autoren verwendete Bezeichnung „*Phytocoenologie*" (bzw. Phytocoenotik) ist zwar sprachlich und sachlich besser, hat sich bisher aber noch nicht allgemein durchsetzen können.

Aus diesen Gründen wird von manchen Autoren auch die Bezeichnung „Pflanzengesellschaft" abgelehnt und durch „Pflanzengemeinschaft" oder Phytocoenose ersetzt. Selbstverständlich fehlt den Pflanzengesellschaften der organismische Charakter, und ebenso selbstverständlich haben Pflanzensoziologie und Soziologie der menschlichen Gesellschaft nichts miteinander gemein. Dies muß man sich zumindest vor Augen halten, wenn man die eingebürgerten Bezeichnungen Pflanzensoziologie und Pflanzengesellschaft verwendet. Uns scheint jedoch der Streit um solche Namen nicht sonderlich belangvoll. Erwähnt sei noch, daß in der angloamerikanischen Literatur die Pflanzensoziologie meist als *Ecology* bezeichnet wird. Dieser Terminus ist allerdings nicht ganz synonym mit unserer Pflanzensoziologie, da unter Ecology außerdem noch die Ökologie der Einzelpflanzen und die Synökologie verstanden werden.

3. *Aufgaben der Pflanzensoziologie*

Die wesentlichsten Aufgaben der Pflanzensoziologie als der Lehre von den Pflanzengemeinschaften lassen sich etwa wie folgt umreißen:

1. Die Untersuchung der *Zusammensetzung der Pflanzengesellschaften*, d. h. die Ausscheidung und Beschreibung klar umgrenzter pflanzensoziologischer Einheiten. Dieser beschreibende Teil der Pflanzensoziologie stellt die Grundlage und den Ausgangspunkt für die nachfolgend genannten Untersuchungen dar.

2. Die Untersuchung der *gesellschaftsbedingenden Umweltfaktoren*. Diese Spezialrichtung, die gerade in letzter Zeit an Bedeutung gewonnen hat, wird auch als Synökologie bezeichnet.

3. Die Untersuchung der *Entwicklung der Pflanzengesellschaften* in zeitlicher Hinsicht (dynamische Pflanzensoziologie).
4. Die Untersuchung der *Verbreitung der Pflanzengesellschaften* (Synchorologie).
5. Die Erarbeitung einer übersichtlichen und möglichst naturnahen *Gliederung und Anordnung der Pflanzengesellschaften* (Gesellschaftssystematik).

4. Das Wesen der Pflanzengesellschaften

Pflanzengesellschaften sind in erster Linie durch regelmäßig wiederkehrende Artenverbindungen ausgezeichnet. Es handelt sich jedoch nicht etwa um ein zufälliges Nebeneinander verschiedener Arten, die eben gerade an einem Ort wachsen. Pflanzengesellschaften entstehen vielmehr durch Auslese unter zahlreichen Wettbewerbern. Nur diejenigen Arten werden sich in einer Pflanzengesellschaft behaupten können, die die auf sie einwirkenden Umweltfaktoren zu ertragen vermögen. Infolgedessen können die Pflanzengesellschaften auch ihren Standort, d. h. die Gesamtheit der auf einen Wuchsort einwirkenden Umweltbedingungen, in gewisser Weise widerspiegeln.

In Anlehnung an ELLENBERG können wir sagen, daß *Pflanzengesellschaften gesetzmäßig von ihrer Umwelt und von historischen Gegebenheiten abhängige, konkurrenzbedingte Kombinationen von Pflanzenindividuen darstellen, die in der Lage sind, auch ihrerseits wieder ihre Umwelt mehr oder weniger zu verändern.*

Diese Definition sei noch etwas erläutert. Sie besagt, daß Pflanzengesellschaften . . . „Kombinationen von Pflanzenindividuen“ . . . darstellen. Fast von allen pflanzensoziologischen Schulen wurde lange Zeit die Auffassung vertreten, daß Pflanzengesellschaften als organische Ganzheiten bzw. als Organismen zu betrachten seien oder doch mit diesen verglichen werden könnten.

Diese Konzeption wurde von vielen Seiten einer Kritik unterzogen; als dann auch experimentelle Gegenbeweise erbracht werden konnten, mußten auch die eifrigsten Verfechter der organismischen Vorstellung ihre Meinung aufgeben. So konnte TÜXEN zeigen, daß sich selbst komplizierte Pflanzengesellschaften — z. B. Waldgesellschaften — verhältnismäßig schnell aus ihren einzelnen Komponenten aufbauen lassen, vorausgesetzt natürlich, daß der Standort entsprechend vorbereitet wird. Eine derartige Synthese aus einzelnen Bestandteilen wäre jedoch bei einer organismischen Struktur völlig ausgeschlossen. Daher spricht man jetzt mit Recht von „Individuenkombination". Damit ist selbstverständlich nicht gesagt, daß die einzelnen Komponenten, d. h. die einzelnen Pflanzen einer Pflanzengesellschaft, etwa ohne Beziehung miteinander wüchsen; sie beeinflussen sich durchaus gegenseitig, zumal sie untereinander in Konkurrenz um Licht, Nährstoffe, Wasser usw. stehen.

Wenn der Konkurrenzfaktor in seiner Wirkung auch nicht überschätzt werden sollte, so spielt er doch zweifellos für das Zustandekommen von Pflanzengesellschaften eine nicht unerhebliche Rolle. Ja, man kann von Pflanzen„gesellschaften" eigentlich erst dann sprechen, wenn zwischen den einzelnen Pflanzenindividuen irgendwelche Konkurrenzverhältnisse existieren. Ist dies nicht der Fall — z. B. bei der pflanzlichen Besiedlung von bisher vegetationslosen Standorten —, so kann man nur vom „Vorkommen von Einzelpflanzen" sprechen.

Für das Zustandekommen einer Pflanzengesellschaft von bestimmter Zusammensetzung sind aber nicht immer nur Umwelt bzw. Standort und Konkurrenz maßgebend. Auch *historische Gegebenheiten* können eine Rolle spielen. Gerade in unserem Gebiet sind im Gefolge der mehrfachen Eisvorstöße während des Pleistozäns (Diluvium) viele Arten vernichtet worden, die z. B. in Ostasien oder in Nordamerika vor dem vorrückenden Eise ausweichen und später wieder einwandern konnten. Ohne die Eiszeit wäre unsere Flora um ein Beträchtliches artenreicher.

Das Fehlen vieler Arten in Mitteleuropa im Vergleich zu außereuropäischen Gebieten mit ähnlichen Klima- und Bodenverhältnissen ist nur historisch zu verstehen.

Wenn in den bisherigen Ausführungen von „Pflanzengesellschaften" gesprochen wurde, so bezog sich das auf konkrete, tatsächlich in der Natur vorhandene Pflanzenbestände. In der Pflanzensoziologie wird die Bezeichnung „Pflanzengesellschaft" aber auch häufig im Sinn eines abstrakten Typenbegriffes verwendet. Typenbegriffe sind auch alle allgemeinen Bezeichnungen für pflanzensoziologische Einheiten, wie Assoziation, Verband, Soziation usw., auf die wir später noch zu sprechen kommen. Es hat nicht an Versuchen gefehlt, eine klare begriffliche Trennung zwischen konkreten Pflanzenbeständen (= Einzelbestand, Siedlung usw.) und abstrakten Vegetationstypen vorzunehmen. So sehr diese Bemühungen zu begrüßen sind, so wenig hat sich bisher leider eine solche Unterscheidung einzubürgern vermocht.

II. Untersuchungsmethoden (analytische Methoden)

Den Anfang jeder pflanzensoziologischen Untersuchung stellt die Analyse der konkreten Einzelbestände dar. Die dafür entwickelten analytischen Methoden seien in diesem Abschnitt behandelt. Die Herausarbeitung der verschiedenen pflanzensoziologischen Einheiten und der Typenbegriffe kann erst auf der Basis der analytischen Untersuchung erfolgen.

1. Artenkenntnis

Eine umfassende Artenkenntnis ist die grundlegende Voraussetzung für jegliches pflanzensoziologische Arbeiten. Derartige Kenntnisse zu erwerben ist nur durch intensives eigenes Studium möglich und stellt zweifellos eine erhebliche Schwierigkeit für jeden Anfänger dar.

Sie bedingt auch eine verhältnismäßig lange Einarbeitungszeit.

Unter Arten ist selbstverständlich nicht nur die Kenntnis von "Arten" im taxonomischen Sinn zu verstehen, sondern auch die von Unterarten, Kleinarten oder z. T. auch von Varietäten. Gerade in der letzten Zeit setzt sich immer mehr die Erkenntnis durch, daß Unterarten oder viele der sogenannten Kleinarten oft einen hohen diagnostischen Wert für die Pflanzensoziologie haben und eine wesentlich schärfere Fassung etlicher Pflanzengesellschaften ermöglichen.

Bei dieser Forderung nach Berücksichtigung auch der kleineren taxonomischen Einheiten sollte man sich jedoch vor Überspitzungen hüten. Wenn man von Untersuchungen mit ganz speziellen Fragestellungen einmal absieht, so kann man im großen und ganzen sagen, daß Kleinarten usw., deren Bestimmung ein Mikroskop erfordert oder die gar nur durch Spezialisten erfolgen kann, im allgemeinen von Pflanzensoziologen nicht berücksichtigt werden können; schließlich muß auch der Zeitaufwand für derartige Untersuchungen in einem tragbaren Verhältnis zum Nutzeffekt stehen. Des weiteren werden für den Pflanzensoziologen vor allem solche Kleinarten, Unterarten usw. von Interesse sein, die sich in ihrem standörtlichen Verhalten von den Hauptarten unterscheiden. Eine enge Zusammenarbeit zwischen Pflanzensoziologen und Systematikern vermag hier für beide Teile noch manch interessante und positive Ergebnisse zu zeitigen.

Bei der Notierung der Arten einer Aufnahmefläche werden kaum jemals alle Arten gerade blühen. Deshalb muß der Pflanzensoziologe zwangsläufig in der Lage sein, die Arten auch im nichtblühenden, d. h. im sterilen und im postfloralen Zustand zu erkennen. Gerade dies setzt erhebliche Kenntnisse und auch Erfahrungen voraus, da es leider bisher nur wenige Bestimmungsschlüssel gibt, die eine Determination auch im nichtblühenden Zustand gestatten.

Etliche Teilschlüssel finden sich in der „Flora von Deutschland" von SCHMEIL-FITSCHEN; für Vergleiche kann oft auch die „Exkursionsflora III" (Atlas) von W. ROTHMALER herangezogen werden. Einzelne Gruppen sind in verschiedenen Werken behandelt: so in ausgezeichneter Weise die Weiden (*Salix*) in der „Exkursionsflora II" von ROTHMALER, die Gräser von PETERSEN, KLAPP, RAABE u. a.; die Sauergräser (*Carex*) von NEUMANN, die Kleeartigen ebenfalls von PETERSEN sowie von STÄHLIN, die Gehölze von HARZ, in gewisser Weise auch von FITSCHEN sowie MORGENTHAL, die Farne von FUKAREK usw. Selbstverständlich kann man vieles Wertvolle auch den großen Florenwerken von HEGI usw. entnehmen.

An der Zusammensetzung vieler Pflanzengesellschaften beteiligen sich aber nicht nur die höheren Pflanzen, sondern oft auch Moose, Flechten, Pilze und eine große Zahl von Mikroorganismen. Letztere sind für den Stoffkreislauf oft von sehr wesentlicher Bedeutung. Die theoretische Forderung nach Erfassung *aller* Arten bei Vegetationsaufnahmen schließt auch diese Gruppen ein. Da aber deren Studium vielseitige Spezialkenntnisse erfordert und im Gelände kaum durchgeführt werden kann, beschränkt man sich in der Praxis zumeist auf die höheren Pflanzen einschließlich der Gefäßkryptogamen (Farne, Schachtelhalme, Bärlappe). Moose und Flechten werden im allgemeinen nur dann berücksichtigt, wenn sie in einer Pflanzengesellschaft im größeren Umfang auftreten.

2. *Die Vegetationsaufnahme*

Flächen eines Pflanzenbestandes, die der speziellen Untersuchung dienen, bezeichnet man als *Aufnahme-* oder *Probeflächen.* Die Vegetationsaufnahme stellt die Ermittlung der analytischen Merkmale der Vegetation dar; mit diesem Ausdruck wird also keine photographische „Aufnahme" gemeint, man kann aber eine solche zur Veranschaulichung beifügen.

a) **Wahl der Aufnahmefläche.** Die richtige Wahl der Aufnahmefläche ist von größter Bedeutung, da die Ergebnisse der Aufnahme das Ausgangsmaterial für alle weiteren Operationen und Schlußfolgerungen darstellen.

Es ist sehr zu betonen, daß Fehler hierbei sich später auch durch den größten Arbeitsaufwand nicht mehr eliminieren lassen.

Die Bearbeitung beginnt damit, daß man sich zunächst durch „wissenschaftliche Spaziergänge" einen Überblick über die gesamte Pflanzendecke des betreffenden Untersuchungsgebietes verschafft. Dabei wird man bereits bestimmte Pflanzengesellschaften feststellen und sich diejenigen Stellen merken, an denen diese größere Flächen einnehmen und eine „typische", d. h. normale durchschnittliche Ausbildung aufweisen. An solchen Stellen werden dann die Vegetationsaufnahmen vorgenommen.

Die Probeflächen müssen 3 Forderungen erfüllen: *Erstens* muß die Probefläche so groß sein, daß alle zu der betreffenden Pflanzengesellschaft gehörenden Arten erfaßt werden können. *Zweitens* muß die Aufnahmefläche homogen sein, d. h., sie darf keine Lücken aufweisen oder darf nicht in verschiedenen Teilen von verschiedenen Arten beherrscht werden u. dgl. *Drittens* muß die Aufnahmefläche einheitliche Standortsbedingungen aufweisen, soweit das zumindest nach dem Augenschein beurteilt werden kann; also z. B. einheitliche Neigung, Wasserführung, Belichtungsverhältnisse usw. So darf man bei der Untersuchung von Waldgesellschaften als Aufnahmefläche nicht Lichtungsflecke wählen, die durch Entnahme einzelner Bäume entstanden sind, es sei denn, man will speziell die Vegetationsverhältnisse solcher Lichtungsstellen untersuchen. Derartige Stellen sind zwar meist floristisch reicher, spiegeln aber nicht die Durchschnittsverhältnisse wider. Gerade bei Aufnahmen von Waldgesellschaften muß man darauf achten, daß die Baumschicht über der Probefläche den durchschnittlichen Kronenschluß aufweist. Bei Wiesenaufnahmen muß die Vegetation von kleineren Fußpfaden oder von Geilstellen von der Aufnahme ausgeschlossen bleiben.

Man muß sehr davor warnen, die Aufnahmeflächen nur an „schöne", d. h. floristisch besonders reichhaltige Stellen zu legen oder gar von dem Vorkommen irgendeiner

Lieblingspflanze abhängig zu machen. Solche Fehler kommen – meist unbewußt – gar nicht selten vor.

Es sei zugegeben, daß die Wahl der Probeflächen weitgehend eine Sache der Erfahrung und auch der Beobachtungsgabe ist und daß ihr eine gewisse Subjektivität nicht abgeht. Es hat daher nicht an Versuchen gefehlt, „objektive" Methoden dafür ausfindig zu machen. So wurde vorgeschlagen, das Untersuchungsgebiet mit einem regelmäßig verteilten Netz von Aufnahmeflächen zu überziehen (z. B. im 50- oder 100-m-Verband) und die Vegetationseinheiten dann statistisch zu ermitteln. Alle diese Versuche, auf die nicht näher eingegangen zu werden braucht, scheiterten bisher an dem viel zu hohen Arbeitsaufwand.

Der sicherste Weg, repräsentative Vegetationsaufnahmen zu erhalten, führt immer noch über die eingehende Geländekenntnis und eine ausreichende Beobachtungsgabe. Vegetationsaufnahmen, die bei Exkursionen oder anderen Bereisungen „nebenbei" gemacht werden, vermögen diese Forderungen oft nicht zu erfüllen.

b) **Jahreszeit der Aufnahme.** Bei vielen Pflanzengesellschaften gelangen nicht alle Arten zu gleicher Zeit zur Entwicklung, sondern oft lösen sich gewisse Artengruppen nacheinander ab. Dadurch kann eine Pflanzengesellschaft während ihres jährlichen Entwicklungszyklus recht verschieden aussehen. Dieses jahreszeitlich unterschiedliche Aussehen bezeichnet man als *Aspekt.* Eine Aspektbildung fällt vor allem dann auf, wenn in einer Pflanzengesellschaft eine oder einige vorherrschende Arten gerade einen auffallenden Entwicklungszustand aufweisen: etwa wenn sie blühen oder fruchten. Man denke nur an den bekannten Vorfrühlingsaspekt vieler unserer Laubmischwälder, der vor allem durch das Buschwindröschen hervorgerufen wird, oder den Sumpfdotterblumenaspekt vieler feuchter Wiesen usw.

Die Vegetationsaufnahme soll nun aber die *gesamte* Artenkombination erfassen. Diese selbstverständliche Forderung ist wegen der Aspektbildung vieler Pflanzengesellschaften manchmal jedoch nicht leicht zu verwirklichen. Die günstigste Zeit für Vegetationsaufnahmen, d. h. die Zeit, in der die gesamte Artenkombination zu erfassen ist, liegt für die einzelnen Pflanzengesellschaften recht unterschiedlich. Recht kurz ist dieser Zeitraum z. B. für Wiesengesellschaften. Hier müssen die Aufnahmen vor dem ersten Schnitt erfolgen, d. h. im allgemeinen von Ende Mai bis Anfang Juni. Dagegen kann man Salzwiesen, die sich in der Regel erst recht spät entwickeln, vom Juli bis manchmal in den Oktober untersuchen, und bei Weiden reicht die Spanne der Untersuchungszeit gar vom späten Frühjahr bis in den frühen Herbst. Für Trockenrasen liegt die günstigste Zeit im Juni/Juli, für Ackerunkrautgesellschaften kurz vor der Ernte; jedoch ist bei diesen Gesellschaften viel Sorgfalt und Übung nötig, um die bereits abgestorbenen Arten, die im zeitigen Frühjahr ihre Entwicklung haben, zu erkennen (vor allem *Veronica*-Arten, *Erophila* usw.). Kann man diese Arten mit einer Aufnahme nicht erfassen, muß man zur Ergänzung eine zweite Aufnahme zu einem anderen Zeitpunkt vornehmen. Dies ist u. U. auch bei Waldgesellschaften mit einem ausgesprochenen Vorfrühlingsaspekt erforderlich, wenn man hier die Aufnahmen nicht im Juni machen kann; zu dieser Zeit sind die Frühlingsblütler gerade noch, die anderen Arten schon genügend weit entwickelt. Wenn man von den wenigen Frühlingspflanzen absieht, lassen sich Aufnahmen von Waldgesellschaften jedoch vielfach bis in den September hinein vornehmen.

c) **Form und Größe der Aufnahmefläche.** Die *Gestalt* der Probefläche ist an sich belanglos; es ist gleichgültig, ob man sie in quadratischer, rechteckiger, runder oder unregelmäßiger Form wählt. Sie muß aber den jeweiligen örtlichen Bedingungen angepaßt sein. Wenn in den meisten Fällen auch mit quadratischen Aufnahmeflächen gearbeitet wird, so wird man z. B. beim Studium von Verlandungsgesellschaften, die oft nur schmale Gürtel einnehmen, die Aufnahmeflächen als mehr oder weniger langgestreckte Rechtecke ausscheiden müssen.

Wichtiger ist dagegen die Festlegung der *Größe*. Wir sagten bereits, daß jede Aufnahmefläche so groß sein muß, daß alle regelmäßig in der betreffenden Pflanzengesellschaft vorkommenden Arten erfaßt werden können. Bei zu kleiner Fläche besteht die Gefahr, daß man nur ein fragmentarisches Bild der Pflanzengesellschaft erhält. Die Mindestgröße der Probefläche, das sogenannte „*Minimalareal*" ist je nach Pflanzengesellschaft recht unterschiedlich. Sie ist in der Regel um so umfangreicher, je artenreicher die Gesellschaft ist und je größer die Pflanzen sind, aus denen sie sich zusammensetzt. Im allgemeinen können folgende Erfahrungswerte als Richtschnur dienen:

Artenreiche Mischwälder: Bodenvegetation 100—200 m², Baumschicht 500 bis 2500 m²,
Trockenrasen: 50—100 m²,
Ackerunkrautgesellschaften 25—100 m²,
Wiesen 10—25 m²,
Heiden 10—25 m²,
Weiden 5—10 m²,
Moosgesellschaften 1—4 m²,
Flechtengesellschaften 0,1—1 m².

Das für die Aufnahme erforderliche Minimalareal läßt sich auf einfache Weise objektiv ermitteln. Man notiert zuerst die Arten, die auf einer kleinen Fläche vorkommen: meist auf $\frac{1}{4}$ m²; dann vergrößert man die Fläche auf das Doppelte und vermerkt die neuhinzukommenden Arten. Auf diese Weise verfährt man weiter und erhält so die Artenzahlen für 1, 2, 4, 8, 16 . . . bzw. 1, 2, 5, 10, 25, 50 . . . m². Trägt man diese Werte in ein Diagramm ein, so erhält man eine zunächst sehr rasch, dann allmählich immer langsamer ansteigende Kurve, die *Artenzahl-Aufnahmeflächenkurve* oder kurz *Art-Arealkurve* (Abb. 1). Als Minimalareal wird diejenige Flächengröße bezeichnet, bei der die Kurve in den nahezu waagerecht verlaufenden Teil übergeht. In Abb. 1 liegen diese Punkte bei etwa 5 und 20 m². Nach Möglichkeit wird man sich allerdings nicht mit einer einzigen Minimalareal-Ermittlung begnügen, sondern die Kurven auf Grund von Durchschnittswerten aus mehreren Paralleluntersuchungen aufstellen. Meist werden die Probeflächen zur Sicherheit jedoch etwas größer gewählt, als es die Minimalareal-Untersuchungen ergeben. Eine Vergrößerung der Aufnahmeflächen ist in gewissem Ausmaß unerheblich, voraus-

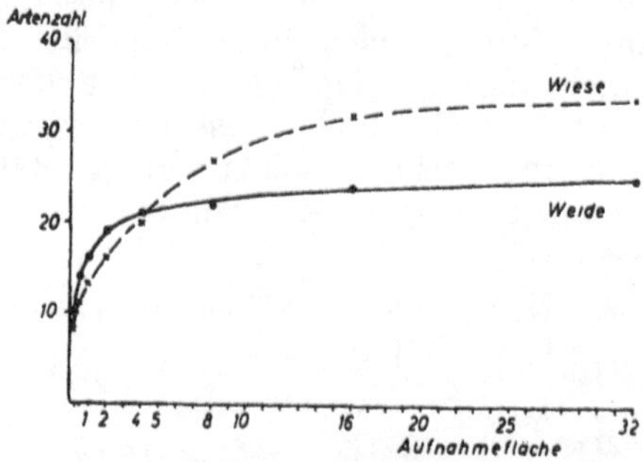

Abb. 1. Art-Arealkurve zur Ermittlung des Minimalareales. (Aus ELLENBERG, „Aufgaben und Methoden der Vegetationskunde", Band IV, Teil 1 der Sammlung EINFÜHRUNG IN DIE PHYTOLOGIE von H. WALTER. Verlag Eugen Ulmer, Stuttgart, 1956)

gesetzt, daß die Homogenität des Bestandes dies erlaubt. — Nachdem man sich über Aufnahmeort, Aufnahmezeit und Größe der Aufnahmefläche klargeworden ist, kann die eigentliche Analyse des Pflanzenbestandes — die Vegetationsaufnahme — beginnen.

d) **Aufnahme der Pflanzenbestände.** Unter einer pflanzensoziologischen Aufnahme versteht man die listenmäßige Erfassung aller auf einer Probefläche vorkommenden Pflanzen nach Art, Menge, Wuchsfreudigkeit, Entwicklungszustand usw. Je nach der Zielsetzung der Arbeit kann die Artenliste durch verschiedene zusätzliche Beobachtungen bzw. Untersuchungsergebnisse ergänzt werden, insbesondere durch Feststellung gewisser Standortseigenschaften, z. B. des Bodenprofils, der Grundwasserverhältnisse usw.

Kopf der Aufnahme, Schichtung, Schichtdeckungsgrad. Man beginnt die Aufnahme mit der Notierung einiger allgemeiner Angaben, die als „Kopf" der Vegetationsaufnahme bezeichnet werden. Dazu gehören: Datum, Nummer der Aufnahme, möglichst genaue Ortsbezeichnung (am besten mit Angabe der Rechts- und Hochwerte der Meßtischblätter, in die wiederum die Aufnahmenummern eingetragen werden; Nummer und Bezeichnung des Meßtischblattes), topographische Bemerkungen, z. B. Expositionsrichtung, Neigungswinkel usw.; Größe der Aufnahmefläche; soweit feststellbar, auch Wirtschaftsmaßnahmen u. dgl. mehr. Ebenfalls in den „Kopf" gehören Angaben über die Vegetationsschichtung und die Schicht-Deckungsgrade.

Viele Pflanzengesellschaften weisen bekanntlich eine *Schichtung* auf. Soweit vorhanden, unterscheidet man üblicherweise: Baumschicht (B), die bei Bedarf noch weiter unterteilt werden kann in eine höhere Baumschicht (B1 oder HB) und eine niedere Baumschicht (B2 oder NB), Strauchschicht (S oder Str), Krautschicht (K oder Kr), die gegebenenfalls auch noch weiter gegliedert werden kann in K1, K2 usw. (z. B. bei Hochstaudenfluren, Gesellschaften mit hohem Adlerfarn usw.) und Moos-Schicht (M). Wird der Boden in beträchtlichem Maße von Flechten überzogen, scheidet man zuweilen auch eine Flechtenschicht (F) aus.

Für jede Schicht wird zunächst der *Deckungsgrad* ermittelt. Darunter versteht man die senkrechte Projektion des gesamten Sproß- und Blattwerkes der betreffenden Schicht auf den Boden, sozusagen als Schattenbild bei senkrechter Beleuchtung. Der Deckungsgrad wird meist in Prozenten, manchmal auch in Dezimalwerten angegeben (z. B. 80% oder 0.8).

Pflanzengesellschaften weisen nicht nur im oberirdischen Bereich eine Schichtung auf. Im Bereich des Wurzelraumes ist die Schichtung manchmal noch deutlicher ausgeprägt. Diese Verhältnisse werden am besten durch *Wurzelprofile* veranschaulicht. Da deren Gewinnung je-

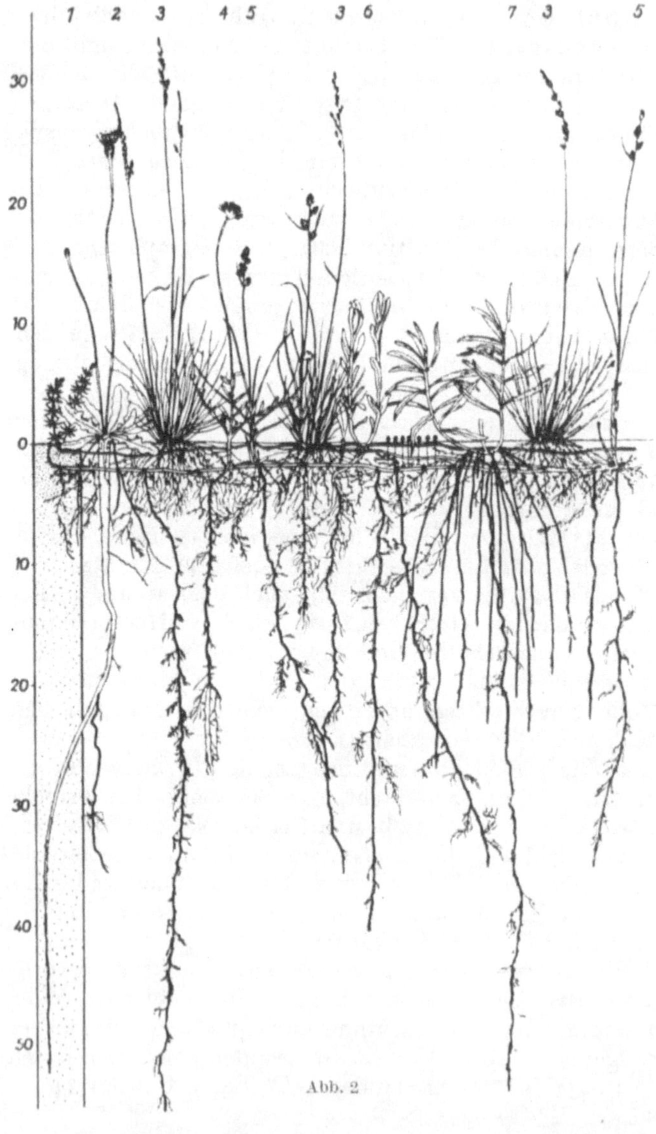

Abb. 2

doch sehr zeitraubend und mühselig ist, wird kaum zu jeder einzelnen Vegetationsaufnahme ein Wurzelprofil erarbeitet werden können. Es genügt eines für jede Vegetationseinheit. Wurzelprofile geben wertvolle Informationen über die Struktur der Pflanzengesellschaften; sie liefern manchmal erst den Schlüssel zum Verständnis verschiedener Probleme. – Die Darstellungsweise von Wurzelprofilen möge Abb. 2 veranschaulichen.

Man erleichtert sich erheblich die Arbeit, wenn man für pflanzensoziologische Aufnahmen *Vordrucke* verwendet. Vor allem wird dadurch einem Vergessen von Angaben im „Kopf“ der Aufnahme vorgebeugt.

Nach diesen Angaben werden die in der Aufnahmefläche vorkommenden Arten, getrennt nach Schichten, aufgezeichnet. Kommt eine Art in zwei Schichten vor (z. B. einmal als Baum, zum anderen als Jungpflanze in der Krautschicht), so wird sie zweimal aufgeführt. Innerhalb der Schichten schreibt man die Arten meist in der Reihenfolge auf, wie man sie bemerkt. Man kann selbstverständlich auch von vornherein eine gewisse Anordnung vornehmen – z. B. nach der Häufigkeit, nach gewissen ökologischen Eigenschaften usw. –, was aber im allgemeinen keine besonderen Vorteile mit sich bringt.

Mengenangaben. Die Artenliste allein genügt jedoch nicht, um einen Pflanzenbestand genügend genau zu charakterisieren. Deshalb ergänzt man sie durch einige andere Angaben, von denen eine der wichtigsten die Mengenanteile sind. Der Begriff des Mengenanteils umfaßt eigentlich zwei Angaben: einmal die Angabe der Individuenzahl (die Abundanz) und zum anderen den Deckungsgrad, den die Exemplare einer bestimmten Art einnehmen (die Dominanz). Die *Abundanz* allein reicht

Abb. 2. Wurzelprofil eines Sandtrockenrasens (Helichryso-Jasionetum). Galium verum (1), Hypochoeris radicata (2), Festuca ovina (3), Jasione montana (4), Carex arenaria (5), Helichrysum arenarium (6), Hieracium umbellatum (7). Die wenige cm unter der Erdoberfläche streichenden Rhizome der Sandsegge (5) bilden ein dichtes Geflecht, das zusammen mit den tiefgreifenden Senkwurzeln in starkem Maß zur Festlegung des Sandes beiträgt (aus FUKAREK, 1961).

zur Charakterisierung des Mengenanteils nicht aus; denn es ist selbstverständlich nicht gleichgültig, ob z. B. 5 schlanke Grashalme oder 5 Exemplare eines großen sparrigen Krautes auf einer Probefläche vorhanden sind. Demgegenüber kennzeichnet die *Dominanz* vor allem, wieviel Platz eine Art innerhalb einer Gesellschaft einnimmt.

Früher wurden Individuenzahl und Deckungsgrad nach besonderen Methoden getrennt geschätzt. Es ist ein großes Verdienst von Braun-Blanquet, eine einfache, jedoch genügend genaue Aufnahmemethode entwickelt zu haben, die Abundanz und Dominanz kombiniert. Die Erfassung dieser Werte erfolgt durch Schätzung an Hand einer 7teiligen Skala, die die Werte r, +, 1—5 umfaßt. Es bedeuten:

5: mehr als $^3/_4$ der Aufnahmefläche deckend, Individuenzahl beliebig;
4: $^1/_2$—$^3/_4$ der Aufnahmefläche deckend, Individuenzahl beliebig;
3: $^1/_4$—$^1/_2$ der Aufnahmefläche deckend, Individuenzahl beliebig;
2: entweder 5—25% der Aufnahmefläche deckend und Individuenzahl beliebig oder: sehr zahlreiche Individuen bei geringerem Deckungsgrad (u. U. auch unter 5%);
1: mäßig zahlreich und weniger als 5% der Aufnahmefläche deckend oder: gering an Zahl, aber mit größerem Deckungswert (z. B. wenn wenige Exemplare eines größeren Krautes vorhanden sind);
+: (sprich „Kreuz" nicht „plus") spärlich, in wenigen Exemplaren und nur wenig Fläche bedeckend;
r: (rar) sehr selten, nur 1—2 Exemplare und sehr wenig Fläche bedeckend.

Diese Skala wurde ursprünglich von Braun-Blanquet als *Abundanz-Dominanz-Skala* bezeichnet. Nach einem Vorschlag von Schwickerath hat sich dafür die kürzere Bezeichnung *Artmächtigkeitsskala* eingebürgert, bzw. statt „Abundanz-Dominanz-Werten" spricht man jetzt von „Artmächtigkeitswerten".

Die niedrigeren Artmächtigkeitswerte r, +, 1 und 2 sind mehr auf die Häufigkeit, die höheren (3—5) mehr auf den Deckungsgrad ausgerichtet.

Dieses Schätzungsverfahren nach Braun-Blanquet wird gegenwärtig von den meisten Pflanzensoziologen angewendet, auch von denen, die den synthetischen

Methoden der BRAUN-BLANQUET-Schule ablehnend gegenüberstehen. Man sollte von dieser bequemen und gleichwohl dabei für die allermeisten Fälle auch genügend genauen Methode schon mit Rücksicht auf die internationale Vergleichbarkeit möglichst wenig abgehen.

Trotzdem ist die BRAUN-BLANQUETsche Methode zur Kennzeichnung der Mengenverhältnisse nicht die einzige dieser Art. Von den anderen Methoden, die nach ähnlichen Prinzipien verfahren, hat jedoch nur eine Bedeutung erlangt: die *Dominanz-Skala* von HULT-SERNANDER. Diese Skala wurde schon 1912 aufgestellt, ist also älter als die von BRAUN-BLANQUET und wird vor allem in den nordeuropäischen Ländern viel benutzt. Die Besonderheiten der Mengenskala von HULT-SERNANDER und die Unterschiede gegenüber der Methode von BRAUN-BLANQUET gehen am einfachsten aus einer Gegenüberstellung hervor.

BRAUN-BLANQUET	HULT-SERNANDER
r rar + spärlich 1 mäßig zahlreich, unter $^1/_{20}$	1 unter $^1/_{16}$ Fläche deckend
2 zahlreich, $^1/_{20}$–$^1/_4$ deckend	2 $^1/_{16}$–$^1/_8$ deckend 3 $^1/_8$–$^1/_4$ deckend
3 $^1/_4$–$^1/_2$ deckend	4 $^1/_4$–$^1/_2$ deckend
4 $^1/_2$–$^3/_4$ deckend 5 über $^3/_4$ deckend	5 über $^1/_2$ deckend

Vor allem ist hervorzuheben, daß die HULT-SERNANDER-Skala bei den Werten 1 und 5 viel summarischer ist als die von BRAUN-BLANQUET, während die Werte 2 und 3 zu stark differenziert erscheinen und im Gelände oft schwer zu trennen sind.

Bei der Bearbeitung von Grünlandgesellschaften werden z. T. ebenfalls andere Methoden der Mengenschätzung angewendet. Manche Grünlandcoenologen schätzen die *Bedeckungsanteile der Arten direkt in Prozenten.* Dieses Verfahren, das lediglich eine Berücksichtigung der Dominanz, nicht aber der Abundanz darstellt, ist schwieriger und setzt größere Erfahrungen voraus. Es liefert jedoch bessere Unterlagen, z. B. für die Beurteilung des Futterwertes.

Zunehmende Bedeutung erlangt bei Grünlanduntersuchungen auch die *Schätzung nach Gewichtsanteilen.* Bei diesem Verfahren, das KLAPP ausgearbeitet hat, wird die Gesamtmasse der Probefläche = 100 gesetzt und der Gewichtsanteil jeder Art prozentual geschätzt. Man geht dabei so vor, daß zunächst das Verhältnis der beiden Hauptgruppen der Grünlandpflanzen: der Gräser und Grasartigen einerseits und der übrigen Kräuter andererseits geschätzt wird. Dann werden diese beiden Hauptgruppen weiter unterteilt: die Gras-Gruppe in die echten Gräser und die Seggen, die Kräuter-Gruppe in die Leguminosen und in sonstige Kräuter. Von jeder dieser vier Gruppen wird der prozentuale Gewichtsanteil geschätzt. Schließlich werden die für jede Gruppe verfügbaren Prozente auf die einzelnen Arten aufgeteilt.

Für die Schätzung der Gewichtsanteile ist ungleich mehr Übung erforderlich als für die Schätzung der Artmächtigkeit nach BRAUN-BLANQUET. Außerdem benötigt dieses Verfahren nach den Angaben von ELLENBERG selbst bei eingearbeiteten Kräften mindestens das Vierfache an Zeit. Schließlich sind oft Kontrollen durch exaktes Nachwägen notwendig, besonders wenn sich jemand in diese Methode erst einarbeitet. Für Vergleichszwecke ist weiterhin die Angabe der Gesamtmasse des Pflanzenbestandes der untersuchten Fläche in absoluten Gewichtseinheiten (dt, meist auf ha umgerechnet) erforderlich. Die %-Zahlen beziehen sich ja nur auf die Gesamtmasse des jeweiligen Bestandes. Da diese aber je nach Grünlandgesellschaft sehr unterschiedlich ist, sind die bloßen Prozentangaben von verschiedenen Beständen nicht ohne weiteres vergleichbar.

Die bisher behandelten Methoden zur Ermittlung der Mengenverhältnisse beruhten auf Schätzungen. Es läßt sich daher kaum vermeiden, daß sie mit subjektiven Auffassungen behaftet sind. Genauso, wie man für die Auswahl der Probeflächen objektive Methoden anstrebte, fehlte es auch bei den Mengenangaben nicht an Versuchen, die subjektive Seite auszuschließen und zu objektiven Kriterien zu gelangen. Die wichtigste Methode in dieser Hinsicht ist die

Feststellung der Frequenz. Die Frequenzbestimmung schaltet in der Tat die Subjektivität der Schätzungen weitgehend aus. Die Wahl der Probefläche bleibt jedoch nach wie vor dem subjektiven Ermessen anheimgestellt. Die Entwicklung dieser Methode verdanken wir vor allem dem dänischen Botaniker RAUNKIAER (1913). Modifikationen brachten besonders BØCHER — ebenfalls ein dänischer Botaniker — und andere Forscher, vornehmlich aus den skandinavischen Ländern. Die Frequenzmethode wurde bisher auch vor allem von skandinavischen und angloamerikanischen Forschern angewendet.

Um die Frequenz zu bestimmen, bedient man sich zahlreicher kleiner Probeflächen, die in einem einheitlichen Bestand verteilt werden. Im allgemeinen werden entweder 1-m²- oder 1-dm²-Flächen analysiert. Beim Arbeiten mit 1-m²-Flächen werden meist Holzrahmen, bei dem mit 1-dm²-Flächen meist Metallringe (⌀ ca. 11 cm) verwendet. Die Verteilung der Kleinflächen erfolgt bei den dm²-Flächen nach dem Zufall, indem man 10 oder 25 solcher Ringe auswirft, bei den m²-Flächen durch Auslegen der Rahmen in regelmäßiger Anordnung (in Reihe oder im Quadratverband). Hierbei werden im allgemeinen 10 Kleinflächen untersucht. Sowohl durch die regelmäßige Anordnung als auch durch das Auswerfen wird eine subjektive Auswahl der Probeflächen verhindert (Abb. 3). Man notiert die Arten, die in jeder Kleinfläche anzutreffen sind. Bei den dm²-Flächen werden weitere Mengenangaben meistens nicht gemacht; sie hätten bei solchen kleinen

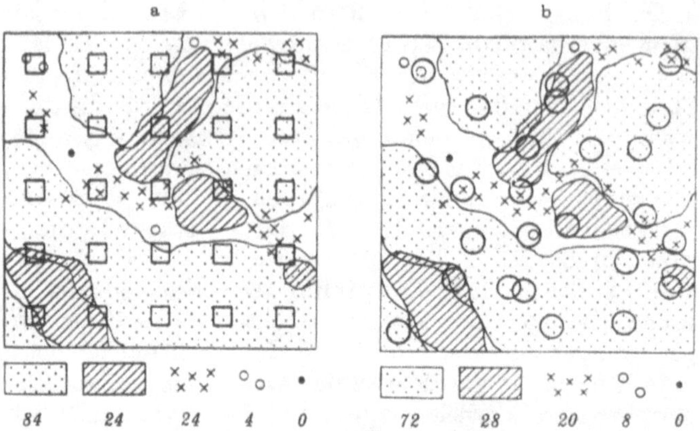

Abb. 3. Frequenzermittlung durch regelmäßige Verteilung von 25 Kleinflächen (a) und durch zufällige Verteilung dieser (b). Die Signaturen (punktierte und schraffierte Flächen, Kreuze usw.) geben das Vorkommen verschiedener Arten wieder, die Zahlen geben die Frequenzprozente an.
(Aus ELLENBERG, „Aufgaben und Methoden der Vegetationskunde", Band IV, Teil 1 der Sammlung EINFÜHRUNG IN DIE PHYTOLOGIE von H. WALTER. Verlag Eugen Ulmer, Stuttgart, 1956)

Flächen ja auch wenig Sinn. Dagegen nehmen viele Forscher, die mit den 1-m²-Flächen arbeiten, außerdem eine Mengenschätzung vor und verwenden dabei fast durchweg die Dominanz-Skala von HULT-SERNANDER. Bei solchen kleinen, übersichtlichen Frequenzflächen bereitet die Angabe der Dominanzwerte kaum Schwierigkeiten.

Die Zahl der Kleinflächen, in denen eine Art auftritt, ist deren *Frequenz*. Zur besseren Vergleichbarkeit werden die eigentlichen Frequenzzahlen in %-Werte umgerechnet (= Frequenzprozent). Zum Beispiel: bei 25 ausgeworfenen Ringen wird eine Art 7mal angetroffen; das Frequenzprozent ist demnach 28.

Durch die Frequenzermittlung erhält man ein objektives Bild der Häufigkeit, mit der eine Art in einem Pflanzenbestand vorkommt, zumal solche Kleinflächen auch leichter floristisch vollständig zu erfassen sind als die verhältnismäßig großen Aufnahmeflächen nach der Methode von BRAUN-BLANQUET. Der Arbeitsaufwand ist allerdings recht groß, auch eignet sich die Frequenzmethode nicht für alle Pflanzengesellschaften. Wie wir bereits oben ausführten, ist für die Erfassung der regelmäßig vorkommenden Arten einer Pflanzengesellschaft eine bestimmte Mindestgröße der Aufnahmefläche erforderlich: das Minimalareal. Nur bei wenigen, und zwar besonders *artenarmen* Gesellschaften, liegt das Minimalareal bei 10 m^2 oder darunter, d. h. in der Größenordnung, die durch Frequenzuntersuchungen (bei 1-m^2-Flächen) erfaßt wird. Bei der Untersuchung von 25 Frequenzflächen von je 1 dm^2 wird sogar nur ¼ m^2 insgesamt aufgenommen. Bei artenreichen Pflanzengesellschaften werden daher Frequenzuntersuchungen keineswegs alle vorkommenden Arten erfassen können, es sei denn, man würde die Zahl der Frequenzflächen erheblich steigern. Für artenarme Gesellschaften, wie sie in weiten Teilen Skandinaviens vorkommen, ist jedoch die Frequenzmethode durchaus brauchbar; daraus resultiert auch die erfolgreiche und häufige Anwendung gerade in diesen Gebieten.

Vitalität. Ein weiteres Charakteristikum der Pflanzen einer Aufnahmefläche stellt deren Wuchsfreudigkeit bzw. Wuchskraft dar. Da es recht schwierig wäre, die Lebenskraft jeder einzelnen Art genau bewerten zu wollen, begnügt man sich in der Pflanzensoziologie üblicherweise mit der Kennzeichnung derjenigen Arten, die vom Normalen auffallend abweichen, d. h. die entweder besonders üppig oder besonders kümmerlich gedeihen. Nach dem Vorschlag von BRAUN-BLANQUET wird ein abweichendes Verhalten der Vitalität durch eine Indexangabe zu den Artmächtigkeitszahlen gekennzeichnet. Man verwendet dafür folgende Zeichen:

°° sehr kümmerlich wachsend, kaum jemals fruchtend, z. B. Zwergexemplare (z. B. +°°);

° kümmerlich wachsend (z. B. 2°);

· üppig wachsend (z. B. +);
·· besonders üppig wachsend, sogenannte Mastexemplare (z. B. 1··);
k kletternd (z. B. 1k). Eine Kennzeichnung des Lianenwuchses empfiehlt sich ebenfalls, da etliche dieser Arten nur unter günstigen Umweltbedingungen eine derartige Wuchsform zeigen (z. B. Efeu, Jelängerjelieber).

Minus-vitale Arten sollte man nicht als Kenn- oder Trennarten[1] werten und sie auch nicht zur charakteristischen Artenkombination gehörig betrachten.

Diese Vitalitätsangaben gelten nur für krautige Pflanzen; für Sträucher und Bäume sind sie kaum geeignet. Für die Kennzeichnung der *Vitalität der Bäume* eignen sich recht gut die in der Forstwirtschaft üblichen Bonitätsangaben. Zur Feststellung der *Bonität* müssen zunächst Alter und Höhe des Baumes ermittelt werden. Danach kann man die Bonitätszahlen aus den Ertragstafeln leicht entnehmen.

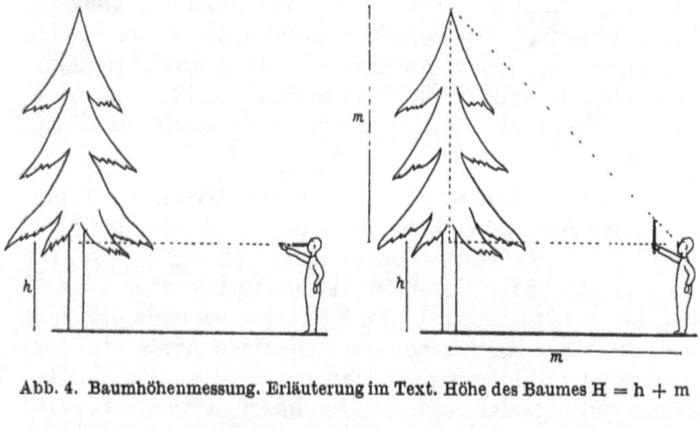

Abb. 4. Baumhöhenmessung. Erläuterung im Text. Höhe des Baumes H = h + m

Das *Alter* kann durch Zählung der Jahresringe oder der Astquirle (bei jüngeren Nadelhölzern), aus den Forstakten usw. festgestellt werden. Der erste Weg wird für den Pflanzensoziologen meist der einfachste sein, vor allem wenn gleichaltrige Bestände vorliegen. Man findet stets herausgeschlagene Stämme, deren Stubben eine Jahresringzählung ermöglichen.

Für die *Höhenmessung* gibt es etliche Methoden. Wir wollen nur auf eine besonders einfache hinweisen. Man nimmt einen geraden Stock (auch Spazierstock o. ä.)

[1] Erläuterung dieser Begriffe im Abschnitt III.

und hält ihn mit der ausgestreckten Hand so, daß die Spitze des Stockes eine Kopfpartie nahe dem Auge berührt (Abb. 4a) und visiert über den Stock den zu messenden Baum an. Zu beachten ist, daß der Stock dabei waagerecht gehalten wird. Bei ebenem Gelände wird die Visierlinie den Baum daher in Augenhöhe (= h) treffen; dann schwenkt man den Stock um 90°, so daß er genau senkrecht steht und visiert die Spitze der Krone an (Abb. 4b). Man muß nun so viel vor- oder zurückgehen, bis die Linie Auge—Stockspitze in ihrer Verlängerung die Spitze des Baumes trifft. Die Strecke vom Beobachter zum Baum (= m) wird mittels Bandmaß oder durch Abschreiten gemessen. Die Baumhöhe (H) entspricht dann der Strecke m plus der Augenhöhe des Messenden (h), die im allgemeinen 1,60—1,70 m beträgt.

Auf zwei Fehler, die im Anfang öfters gemacht werden, sei noch aufmerksam gemacht. Wenn nach dem Schwenken der Stock nicht genau senkrecht steht, erhält man falsche Werte: zu hohe, falls der Stock nach vorn geneigt ist, bzw. zu niedrige, falls er nach hinten geneigt ist. Zu hohe Werte erhält man auch, wenn man nicht genau in die Krone visiert, sondern sich von randlichen Ästen irritieren läßt. Das gilt besonders für die Höhenmessung von breitkronigen Laubhölzern, wie Buche oder Eiche. Für rein forstliche Messungen ist die erwähnte Methode zu ungenau, da Fehler bis zu $^1/_2$ m kaum vermeidbar sind. Für vegetationskundliche Untersuchungen, d. h. zu einer Vitalitätskennzeichnung, genügt die erreichbare Genauigkeit jedoch durchaus.

Es gibt nicht für alle Holzarten Tabellen zur Feststellung der *Ertragsklassen* (Bonitätszahlen). Für den Pflanzensoziologen werden im wesentlichen nur solche für Buche, Eiche, Esche, Erle, Birke, Kiefer und Fichte, allenfalls noch für Tanne in Frage kommen. Einige weitere einheimische Holzarten lassen sich annähernd nach den Ertragstafeln der genannten Arten einschätzen. So kann man die Ertragstafel für Eiche auch ± für Hainbuche, Feldahorn und Feldulme, die von Buche auch für Spitzahorn, die von Esche auch für Bergahorn, Bergulme und Linde und die von Birke auch für Eberesche, Weide und Aspe anwenden.

Einige *Ertragstafeln* sind im Anhang (Tab. 1—3) wiedergegeben. Die römischen Zahlen im oberen Rand stellen die Ertragsklassen dar, die üblicherweise in halben Einheiten angeführt werden (I, I/II usw.), die Zahlen der linken senkrechten Spalte bedeuten das Alter in Jahren. Die anderen Zahlen sind die Höhenangaben in Metern. Hat man z. B. für eine Kiefer ein Alter von 80 Jahren eine Höhe von 21 m ermittelt, so gehört diese der II. Ertragsklasse an. Die Form des Baumes, ob geradschäftig, krummwüchsig oder dgl., spielt für die hier behandelte Höhenbonität keine Rolle. Zu bemerken ist noch, daß die Ertragstafeln nur für *Kernwüchse* gelten, d. h. für Stämme, die aus Samen hervorgegangen sind, nicht dagegen für Stockausschläge. Das muß besonders bei Erlen beachtet werden.

Soziabilität. Man kann die Beobachtung machen, daß auf einer Probefläche einzelne Arten trotz gleicher Artmächtigkeitswerte unterschiedlich verteilt sein können: Manche wachsen einzeln, andere bilden dagegen verschieden große Gruppen bzw. Herden usw. Nach Braun-Blanquet kann diese verschieden starke *Geselligkeit* oder Soziabilität durch eine fünfteilige Skala ausgedrückt werden:

1 einzeln wachsend;
2 gruppen- oder horstweise wachsend;
3 truppweise wachsend (kleine Flecken oder Polster);
4 in kleinen Kolonien oder in größeren Flächen oder Teppichen wachsend;
5 in großen Herden wachsend

Die Soziabilitätszahlen werden hinter den Artmächtigkeitswerten geschrieben und von diesen durch einen Punkt getrennt (z. B. *Vaccinium myrtillus* 3.3).

Die Diskussion um das Problem der Soziabilität ist noch nicht abgeschlossen bzw. in letzter Zeit wieder aufgelebt. Während etliche Pflanzensoziologen die Soziabilitätsangaben für unumgänglich notwendig halten und sie stets beifügen, sind viele andere der Meinung, daß für den Normalfall diese Angaben nicht viel besagen, da sie faktisch nur eine grobe Beschreibung der Wuchsform und damit ein artspezifisches Merkmal wiedergeben. (Daß z. B. *Deschampsia caespitosa* eine Soziabilität von 2 aufweist, also ein Horstgras ist, dürfte ohnehin jedem Botaniker als Selbstverständlichkeit bekannt sein.) Außerdem werde die Soziabilität in gewisser Weise bereits durch die Artmächtigkeitszahlen ausgedrückt. Es ist z. B. nicht möglich, daß eine Art, deren Abundanz-Dominanz-Zahl mit 2 geschätzt wird, etwa große Herden bildet, also einen Soziabilitätsgrad von 4 oder 5 besitzt. Wenn dagegen eine Art, die sonst meist in großen Herden auftritt, wie etwa *Mercurialis perennis* oder *Melica uniflora* einmal in einer Vegetationsaufnahme mit einer Artmächtigkeitszahl von 1 auftritt, so kann man mit Sicherheit sagen, daß die Soziabilität auch nur 1 oder allenfalls 2 betragen kann und daß auch die Vitalität voraussichtlich herabgesetzt ist. Betont sei, daß die Soziabilitätsangaben sich sowohl auf Pflanzenindividuen als auch auf die Verteilung der Sprosse eines Individuums beziehen.

Als Mittel zur Kennzeichnung der Eigenschaften der Vegetationsfläche (einer Aufnahmefläche) haben Soziabilitätsangaben vor allem bei wuchsform-plastischen Arten und bei anormalem Verhalten von Arten Wert.

Ähnlich liegen die Verhältnisse hinsichtlich der Angabe der Lebensformen. Zu einer Lebensform (bzw. Lebensformgruppe) faßt man alle Arten unabhängig von ihrer systematischen Stellung zusammen, die gewisse gleichartige äußerliche Anpassungserscheinungen an die Umwelt aufweisen. Sie lassen daher auch gewisse Rückschlüsse auf die Umweltbedingungen zu. Die Aufstellung von Lebensformen (unter verschiedenen Bezeichnungen: z. B. Wuchsformen, Grundformen, physiognomische Gruppen usw.) begann schon in den frühen Stadien der Pflanzengeographie. Von den vielen Lebensformensystemen, die im Laufe der Zeit entwickelt wurden, hat das von RAUNKIAER (1905 und später) die weiteste Verbreitung in der Pflanzensoziologie gefunden. Als Einteilungskriterien werden hierbei in erster Linie die Lage und der Schutz der Erneuerungsknospen während der ungünstigen Jahreszeit (kälte- oder trockenheitsbedingte Vegetationsruhe) verwendet. Die Hauptgruppen des Lebensformensystems von RAUNKIAER, das später von mehreren Forschern modifiziert und weiter ausgebaut wurde (z. B. von RÜBEL, BRAUN-BLANQUET und ELLENBERG) seien im folgenden wiedergegeben (nach ELLENBERG 1956):

A. Wurzelnde Pflanzen (Radicante)

I. Makrophanerophyta – Baumartige Pflanzen (Abkürzung MP oder M); Knospen in mehr als 2 m Höhe über dem Boden.

Dazu gehören u. a.: die eigentlichen Bäume (*Eu-Makrophanerophyta*) mit verholztem Stamm und nicht schopfig angeordneten Blättern; Baumgräser (*Makrophanerophyta graminidea*), z. B. viele Bambus-Arten; Schopfbäume (*M. scaposa*), z. B. Dattelpalme; Krautstämme (*M. herbacea*), z. B. Bananen-Arten; Hochstamm-Sukkulente (*M. succulenta*) und Lianen (*M. scandentia*), z. B. Efeu.

II. Nanophanerophyta – Strauchartige Pflanzen (NP oder N), bei denen sich die Knospen in einer Höhenlage zwischen 25 und 30 cm und ca. 2 m über dem Boden befinden und die ähnlich wie die *Makrophanerophyta* weiter unterteilt werden können.

III. Chamaephyta – Bodennah knospende oder Oberflächenpflanzen (Ch), deren Erneuerungsknospen sich über dem Erdboden, aber kaum höher als 25 oder 30 cm befinden. Dazu gehören u. a. Zwergsträucher (*Ch. frutescentia*) mit vollständig verholzten Sprossen, Halbsträucher (*Ch. suffrutescentia*) mit nur im unteren Teil verholzten Sprossen, Spaliersträucher (*Ch. velantia*), Polsterstauden (*Ch. pulvinata*), Kriechstauden (*Ch. reptantia*).

IV. Hemikryptophyta – Erdschürfepflanzen oder am Boden knospende (H). Bei ihnen befinden sich die Knospen unmittelbar an der Erdoberfläche und sind während der ungünstigen Jahreszeit durch andere Organe (z. B. tote Blätter) geschützt. Dazu gehören z. B.: Horst-Hemikryptophyta (*H. caespitosa*), Kriech-H. (*CH. reptantia*), Rosetten- und Halbrosetten-H. (*H. rosulata* und *hemirosulata*) Schaft-H. (*H. scaposa*) usw.

V. Geophyta – Erdpflanzen (G). Die Überdauerungsorgane liegen im Erdboden und sind dadurch besonders gut geschützt. Dazu gehören u. a.: Wurzelknospen-Geophyten (*Geophyta radicigemma*), Rhizom-G. (*G. rhizomatosa*), Knollen-G. (*G. bulbosa*) usw.

VI. Therophyta – Einjährige, kurzlebige Pflanzen (T). Sie überdauern die ungünstige Jahreszeit in Form von Samen. Die Untergliederung ist ähnlich wie bei den *Hemikryptophyta*: Horst-Therophyten, Kriech-Th., Rosetten- und Halbrosetten-Th., Schaft-Th. usw.

B. Haftende Pflanzen (Adnate)

Im Gegensatz zu den Radicanten wurzeln sie nicht im Erdboden, sondern haften an Steinen, Rinde usw. Man kann sie untergliedern in:

I. Kormo-Epiphyta – Gefäß-Epiphyten (KEp). Phanerogamen und Gefäß-Kryptogamen, die an anderen Pflanzen oder Pflanzenteilen haften.

II. Thallo-Epiphyta – Thallo-Epiphyten (ThEp). Dazu gehören Moose, Flechten, Pilze und Algen, die epiphytisch leben.

III. Thallo-Chamaephyta – Bodennah knospende Kryptogamen (ThCh). Sie haften auf dem Substrat (Streu, Erde usw.) nur locker und oberflächlich. Dazu rechnet man z. B.: Bultenmoose (*Bryochamaephyta sphagnoidea*), Polstermoose (*Br. pulvinata*), Deckenmoose (*Br. reptantia*), Strauchflechten (*Lichenochamaephyta*) usw.

IV. Thallo-Hemikryptophyta – Thallushafter (ThH).
V. Thallo-Geophyta (ThG).
VI. Thallo-Therophyta (ThT) – kurzlebige Moose und Pilze.

C. Bewegliche Pflanzen (Errante)

Hierzu gehören aktiv oder passiv bewegliche Pflanzen in verschiedenen Medien, vor allem im Wasser. Von dieser noch wenig bearbeiteten Gruppe wollen wir lediglich erwähnen: die *Kormo-Hydrophyta natantia* – Höhere Schwimmpflanzen (KHyd nat), z. B. *Lemna, Hydrocharis, Salvinia; Thallo-Hydrophyta natantia* – Niedere Schwimmpflanzen (Th Hyd nat), z. B. *Riccia fluitans*, Fadenalgen. Zu den Erranten gehören ferner die *Hydro-Planktophyta* (Wasserschweber), *Kryo-Planktophyta* (Eis- und Schneebewohner) und die *Edaphophyta* (Bodenbewohner).

In pflanzensoziologischen Tabellen werden die Lebensformen oft für jede Art vermerkt. Derart spezifizierte Angaben erscheinen uns jedoch nur dann sinnvoll, wenn sie auf eigenen Beobachtungen bzw. Überprüfungen beruhen und nicht lediglich aus der Literatur übernommen sind. Ist letzteres der Fall (und das trifft für die meisten Arbeiten zu), sollte man das wenigstens vermerken; hier dürfte eine zusammenfassende Übersicht in Gestalt eines graphisch dargestellten *Lebensformen-Spektrums* genügen. Solche Lebensformen-Spektren sind, besonders wenn sie auf eigene Beobachtungen zurückgehen, für die zusätzliche Charakterisierung der Eigenschaften der Pflanzengesellschaften durchaus wertvoll.

III. Vegetationseinheiten und Vegetationsgliederungen

A. Überblick über die Möglichkeiten der Aufstellung von Vegetationsgliederungen

Die Analyse der Einzelbestände stellt selbstverständlich nur die erste Etappe der pflanzensoziologischen Arbeit dar. Alle weiteren Operationen beruhen auf diesem Ausgangsmaterial. Es kann daher nicht eindringlich genug betont werden, daß die Analyse der Bestände mit der größten Sorgfalt vorgenommen werden muß: Fehler oder Ungenauigkeiten, die dabei unterlaufen, lassen sich auch durch noch so ausgeklügelte weitere Bearbeitungen nicht mehr beseitigen.

Die Art und Weise der weiteren Bearbeitung des Aufnahmematerials ist untrennbar verbunden mit soziologisch-systematischen Auffassungen. Die Pflanzendecke umfaßt ja viele Merkmale bzw. Eigenschaften. Welche von diesen der betreffende Bearbeiter für besonders wichtig oder auch für untersuchbar hält bzw. welche er glaubt vernachlässigen zu können, hängt z. T. von der Art der jeweiligen Pflanzengesellschaft, von der Zielsetzung der Untersuchung, aber auch von mancherlei Auffassungen ab. Es kann daher eine Zusammenfassung, eine Synthese des Aufnahmematerials in recht verschiedener Weise geschehen. Da die Ausarbeitung der einzelnen Methoden auf verschiedene Forscher und deren Schulen zurückgeht, kam es auch zu einer unterschiedlichen Benennung der Vegetationseinheiten. Teils wurden mit demselben Namen Einheiten verschiedenen Inhalts bezeichnet, teils gleiche Einheiten mit verschiedenen Namen. Es dürfte daher zweckmäßig sein, zuerst einen Überblick über die wichtigsten Möglichkeiten vegetationskundlicher Gliederungen und deren Typenbegriffe zu geben. Wir folgen dabei im wesentlichen der Darstellung von ELLENBERG. Die wichtigsten *Typenbegriffe* sind in der rechten Kolumne angegeben.

Außer den hier genannten gibt es selbstverständlich noch weitere Möglichkeiten zur Vegetationsgliederung; wir brauchen diese nicht im einzelnen anzugeben.

Nicht selten werden auch Kombinationen der angeführten Gliederungen verwendet; sei es, daß verschiedene Kriterien direkt kombiniert werden, sei es, daß z. B. die Gliederung der niedrigeren Einheiten nach anderen Kriterien vorgenommen wird als die der höheren Einheiten usw. Einige besonders häufig gebrauchte Kombinationen haben wir in der Übersicht vermerkt.

A) Vegetationsgliederungen auf der Grundlage von Merkmalen, die in den Pflanzenbeständen selbst liegen	
I. nach physiognomischen Kriterien (Lebensformen, Wuchsformen; oft vermischt mit floristischen Kriterien)	Formation, Synusie
II. nach floristischen Kriterien	
1) auf einer oder wenigen (1—3) Arten beruhend (herrschende oder konstante Arten)	Soziation, Konsoziation, Wiesentypen, Waldtypen z. T.
2) auf Artengruppen beruhend	
a) statistisch gewonnene Artengruppen (Charakterarten, Kennarten, Differentialarten, soziologische Gruppen usw.)	Assoziation (als Grundeinheit), Waldtypen z. T.
b) unabhängig von der Statistik gewonnene Artengruppen	
α) nach Arten gleicher geographischer Verbreitung (Arealtypen bzw. chorologische Gruppen)	Vegetationsgürtel. Chorotion
β) nach Arten gleichen ökologischen Verhaltens (ökologische Gruppen)	Ökotion
γ) nach Arten gleichen dynamischen Verhaltens (oft mit 2a verbunden)	Entwicklungstyp, Sukzession, Serie, Stadium, Phase
B) Vegetationsgliederungen auf der Grundlage von Merkmalen, die außerhalb der jetzigen Pflanzenbestände liegen	
I. nach dem Endstadium der Entwicklung	Klimax
II. nach Standorts-Kriterien	
1) nach einzelnen Standortsfaktoren (z. B. Klima, Wasserhaushalt, Boden usw.)	—
2) nach dem Standort als Ganzes	—
III. nach geographischen (topographischen) Kriterien (meist verbunden mit B II oder anderen Kriterien)	—

Es ist ferner darauf hinzuweisen, daß nicht alle der angeführten Gliederungsmöglichkeiten zu vollen Systemen ausgebaut wurden bzw. überhaupt ausgebaut werden können (wenn man mit dem Begriff „System" eine gewisse hierarchische Ordnung verbindet).

Wir möchten diesen Überblick über die Vegetationsgliederungen sowie die Ausführungen der folgenden Abschnitte keineswegs etwa nur unter einem historischen

Blickpunkt verstanden wissen. Wir möchten damit vielmehr auf die mannigfachen Kriterien aufmerksam machen, die für die vegetationskundliche Arbeit herangezogen werden können und von denen man entsprechend dem jeweiligen Untersuchungsgegenstand Gebrauch machen sollte.

Auch in der Vegetationskunde führen viele Wege nach Rom.

B. Die einzelnen Vegetationsgliederungen und ihre Typenbegriffe

I. Vegetationsgliederungen auf physiognomischer Basis

Die Physiognomie der Pflanzendecke stellt wohl das am leichtesten zu ermittelnde Merkmal der Vegetation dar. Ist hierfür doch nicht einmal eine Artenkenntnis erforderlich. So finden wir derartige Gliederungen schon in den Anfangstagen der Vegetationskunde bzw. der Pflanzengeographie, also zu einer Zeit, als es vor allem um eine erste übersichtsmäßige Erfassung ging. Sehr bald wurde versucht, für die Ausscheidung der Vegetationseinheiten und deren Anordnung die rein physiognomischen Kriterien mit solchen des Standorts zu verbinden — also eine ökologische Komponente mit hereinzubringen —, um so eine gewisse Verfeinerung zu erreichen. Viele Vegetationssysteme auf physiognomischer Basis zeigen in verschiedenen Ebenen und in verschiedenem Ausmaß einen solchen „ökologischen“ Einschlag. Allerdings beruht diese „Ökologie“ kaum auf konkreten Messungsergebnissen. Mit der Berücksichtigung der Standortverhältnisse benutzte man jedoch Merkmale, die außerhalb der eigentlichen Pflanzenbestände liegen und die damals noch sehr wenig erforscht waren. Daraus ergab sich nicht selten ein gewisser spekulativer Charakter solcher Vegetationsgliederungen.

1. *Formation*

Der wichtigste Typenbegriff für physiognomisch (-ökologisch) gefaßte Vegetationseinheiten ist der der Formation.

Unter einer Formation versteht man eine Vegetationseinheit, die von einer bestimmten Lebensform (Wuchsform oder dgl.) beherrscht wird (und dadurch habituell ziemlich einheitlich wirkt) und die unter ähnlichen Standortsbedingungen wiederkehrt.

Der Umfang des Formationsbegriffes wird verschieden gehandhabt: es werden darunter sowohl recht umfassende Einheiten verstanden wie etwa Tropischer Regenwald, Savanne, Steppe, Taiga, Tundra usw. als auch kleinere wie etwa Obstbaumsavanne, Mangrove, Kugelbuschgarigue, Zwergstrauchheide, Wiese, Flachmoor u. dgl. Um teilweise eine gewisse Systematisierung zu erreichen, wurden ähnliche Formationen zu *Formationsgruppen* und *Formationsklassen* zusammengefaßt.

Lange Zeit begnügte man sich damit, die Formationen in der jeweiligen Landessprache zu benennen. Man verwendete dabei z. T. Bezeichnungen, die schon seit langem im Volke gebräuchlich waren. Später wurden hierfür in zunehmendem Maße Fachtermini aufgestellt, die wie üblich vom Lateinischen bzw. Griechischen abgeleitet sind. Die Formation der Wiesen wurde als *Hygropoium*, die der Hochstaudenfluren als *Altherbiprata*, die der Flachmoore als *Hygrophorbium*, die der Nadelwälder als *Conodrymium* bezeichnet, um nur einige wenige solcher Namen zu nennen. Man kleidete die Formationen also in ein „wissenschaftliches" Gewand, wobei fast jeder Autor seine eigene Terminologie prägte.

Formationen eignen sich zwar recht gut dazu, die großen Züge der Vegetation eines Landes zu erfassen. Sie haben aber auf der anderen Seite einen zu allgemeinen Charakter, als daß sie sich für ein eingehendes, lokales Studium der Vegetation verwenden ließen.

Da die großen Züge der Vegetation inzwischen fast durchweg bekannt sind, wird heute nur noch selten mit Formationen gearbeitet. Die Formationskunde ist so ein weitgehend abgeschlossener Zweig der Vegetationsforschung geworden, den man zumindest in Europa kaum noch zur eigentlichen Pflanzensoziologie rechnen kann. Wohl aber hat dieser Zweig eine Verjüngung bzw. Fortsetzung gerade in Gestalt der Pflanzensoziologie erfahren. Die Formationskunde hat auch insofern Beziehungen zur modernen Pflanzensoziologie, als etliche höhere pflanzensoziologische Einheiten der Schule von BRAUN-BLANQUET, vor allem viele Klassen und auch nicht wenige Ordnungen im Grunde genommen nichts anderes darstellen als Formationen (bzw. Formationsgruppen usw.), auch wenn sie schärfer gefaßt und mit anderen Methoden gewonnen sind.

Obwohl das Arbeiten mit Formationen, wie gesagt, eigentlich einer vergangenen Zeit angehört, gibt es auch heute noch immer wieder Versuche, diese Richtung erneut zu beleben. Besonders von geographischer Seite wird solchen Bestrebungen z. T. großes Wohlwollen entgegengebracht; hofft man doch, die Vegetation als integrierenden landschaftlichen Bestandteil ohne die leidige Artenkenntnis erfassen zu können.

Als Beispiel sei die Konzeption einer physiognomischen Erfassung der Vegetation erwähnt, die KÜCHLER (1950) vorlegte. In Anlehnung an die bekannte Klimaklassifikation von KÖPPEN versucht KÜCHLER, die Vegetation mit Hilfe von Buchstabenkombinationen zu charakterisieren. Gewisse physiognomische Eigenschaften eines Pflanzenbestandes werden von ihm durch Buchstaben gekennzeichnet: 5 Großbuchstaben kennzeichnen die Art der Gehölzformationen, 3 weitere dienen zur Kennzeichnung krautiger Gewächse; deren Höhen (meist Schicht-Höhen) werden durch 5 Kleinbuchstaben, die Vegetationsdichte ebenfalls durch 5 Kleinbuchstaben bezeichnet. Dazu kommen noch 8 Kleinbuchstaben zur Kennzeichnung „besonderer Züge" (z. B. Epiphyten, Lianen, Sukkulenten, Polsterpflanzen, Wasserpflanzen usw.). Eine von KÜCHLER mit „Nmiew" charakterisierte Formation ist z. B. folgendermaßen zu interpretieren: Es sind Gehölze mit jahreszeitlich grünen Nadeln (= N) vorhanden, wobei die Höhe der Bäume 10–25 m beträgt (= m), die Bäume stehen offen, bilden also keinen geschlossenen Bestand (= i), außerdem gibt es Epiphyten (= e), und als Besonderheit wird die (physiognomisch bedeutsame) Anwesenheit von Wasserpflanzen (= w) vermerkt. Es handelt sich bei dieser Vegetation um den Rand eines *Taxodium distichum*-Sumpfes von Florida, bei der die Taxodien mit *Tilandsia usneoides* behangen sind und die Wasserpflanze *Eichhornia crassipes* in der Bodenvegetation dominiert. Die Angaben entsprechen der Abbildung 5, die aus dem Werk von SCHIMPER-FABER entnommen ist.

Abb. 5. Rand eines Taxodium distichum-Sumpfwaldes von Florida. Näheres s. Text (umgezeichnet nach SCHIMPER-FABER, 1935)

KÜCHLER prägt für seine Vegetationseinheiten keine besonderen Namen, sondern begnügt sich mit derartigen Buchstabenkombinationen. — Ob man jedoch in einem solchen Verfahren einen Fortschritt der Vegetationskunde erblicken darf, will uns mehr als zweifelhaft scheinen.

2. *Synusie*

Der Formationsbegriff bezieht sich, wie wir sahen, auf ziemlich weit gefaßte, große Vegetationseinheiten, wobei die den Formationen zugrunde liegenden Lebensformen bzw. Wuchsformen u. dgl. auch nur recht grob gefaßt sind. Mit der verfeinerten Kenntnis der Lebensformen, vor allem nach den Arbeiten von RAUNKIAER (s. S. 33), zeichnete sich die Möglichkeit ab, auch kleinere Vegetationseinheiten nach diesen Kriterien zu untersuchen bzw. auszuscheiden. Man beobachtete, daß viele Pflanzengesellschaften aus einer oder mehreren Gruppen von Lebensformen bestehen und daß diese Gruppen z. T. eine gewisse Selbständigkeit gegenüber dem Gesamtbestand haben, wenn dieser aus mehreren Lebensformengruppen gebildet wird. Solche Artengruppen, die zu einer Lebensform (Lebensformengruppe) gehören, werden von einigen Forschern (z. B. GAMS) als die *eigentlichen Grundeinheiten der Vegetation* angesehen. Als Typenbegriff für derartige Einheiten wird meist die von RÜBEL vorgeschlagene Bezeichnung *Synusie* verwendet. Weniger gebräuchlich sind die praktisch gleichbedeutenden Termini *Verein* und *Union.*

Den Synusienbegriff kann man etwa wie folgt definieren: *Unter einer Synusie versteht man eine Vegetationseinheit, deren Arten einer Lebensform (und zwar im Sinne von* RAUNKIAER*) angehören, dadurch eine einheitliche Physiognomie und einheitliche Standortsbedingungen aufweisen. Die Synusie bezieht sich nur auf eine Vegetationsschicht.* Die floristische Zusammensetzung spielt für die Fassung der Synusien keine Rolle.

Die Synusien sind sehr kleine Vegetationseinheiten. Ein adlerfarnreicher Kiefernbestand z. B. setzt sich aus nicht weniger als mindestens sechs Synusien zusammen: die eine wird von den Nadelbäumen der Baumschicht gebildet, eine zweite vom Adlerfarn, eine dritte von den darunter wachsenden Gräsern (*Deschampsia flexuosa*), eine vierte von Rasenmoosen, eine weitere von Lianen, die sich an den Kiefern emporwinden, wie *Lonicera periclymenum* und *Hedera helix*, und schließlich eine letzte, die von epiphytischen Flechten gebildet wird. Besonders Waldgesellschaften bestehen oft aus einer großen Zahl (10 und sogar mehr) Synusien.

Das Arbeiten mit diesen Einheiten hat zweifellos den Vorteil, daß sie einmal leicht feststellbar sind – auch ohne Artenkenntnisse –, zum anderen ein anschauliches Bild der Vegetation zu geben vermögen und vor allem, daß solche Synusien *weltweit vergleichbar* sind. Auf der anderen Seite zerreißt man jedoch bei einer solchen Betrachtungsweise unzweifelhafte topographische und ökologische Einheiten und läuft Gefahr, über der Analyse dieser kleinsten Bausteine die Gesamtheit aus dem Auge zu verlieren. Ein Wald z. B. ist eben mehr als lediglich eine Anzahl von gewissen Synusien. Abgesehen davon werden durch den fehlenden floristischen Gehalt unter Umständen völlig verschiedenartige Bestände miteinander vereinigt.

Wenn aus diesen Gründen auch heute kaum noch mit Synusien gearbeitet wird, so sollte man dabei doch nicht übersehen, daß der Synusienbegriff auch auf andere pflanzensoziologische Arbeitsrichtungen anregend gewirkt hat. Er trug viel dazu bei, daß gerade für kleine Vegetationseinheiten der Blick geschärft wurde. Viele der neuerdings studierten „abhängigen" Gesellschaften und besonders Kryptogamengesellschaften — die meist als Assoziationen bezeichnet werden — wie auch gewisse Pioniergesellschaften entsprechen in der Größenordnung oft Synusien. Zum Beispiel sind die Quellerbestände, die die pflanzliche Erstbesiedlung des Watts einleiten und die zur Assoziation des *Salicornietum* zusammengefaßt werden, zugleich eine Synusie. Hier decken sich also verschiedene vegetationskundliche Typenbegriffe.

II. Vegetationsgliederungen auf floristischer Basis

Wir wiesen bereits darauf hin, daß die Erfassung der Vegetation nur in der ältesten Etappe nach ausschließlich physiognomischen Kriterien erfolgte und daß man vor allem in den floristisch besser bekannten europäischen Ländern bald dazu überging, die Formationsschilderungen durch floristische Angaben zu ergänzen. Eine besondere Beachtung fanden dabei verständlicherweise zunächst die vorherrschenden oder sonst irgendwie auffallenden Arten. Im Laufe der Zeit setzte sich immer mehr die

Erkenntnis durch, daß die Vegetationseinheiten viel besser gefaßt und gegliedert werden können, wenn man deren floristische Zusammensetzung entsprechend berücksichtigt. Je mehr der floristische Gehalt der Pflanzengesellschaften Bedeutung erlangte, desto mehr trat die physiognomische Betrachtung zurück.

Bei der Vegetationsbetrachtung auf floristischer Basis kristallisierten sich vor allem zwei Wege heraus, die in gewisser Weise Entwicklungsstufen unseres Wissens widerspiegeln, zum anderen aber auch geographisch bedingt sind. Es sind 1. die Vegetationsgliederung auf Grund von *einzelnen Arten*, wobei es sich in der Regel um *vorherrschende* Arten handelt, und 2. die Vegetationsgliederung auf Grund von Arten*gruppen*, wobei mehr oder weniger der gesamte Artenbestand Berücksichtigung findet.

1. Vegetationsgliederungen nach einzelnen Arten

Es gibt etliche Pflanzengesellschaften, bei denen eine oder einige wenige Arten auffallend hervortreten. Denken wir nur an die schon erwähnten adlerfarnreichen Kiefernbestände, an *Calluna*-Heiden oder an Dünengesellschaften, bei denen Strandhafer und Strandroggen das Bild bestimmen. Solche auffallend hervortretende Arten sind wohl das einfachste floristische Kriterium zur Erfassung von Vegetationseinheiten. Es ist auch die einfachste Methode, eine gewisse Ordnung in die Mannigfaltigkeit der Pflanzengesellschaften zu bringen. Im Grunde genommen sind auch solche einfachen, dem Laien geläufigen Bezeichnungen wie Buchenwald, Kiefernwald, Ginsterheide, Andelwiese usw. nichts anderes als Vegetationstypen, bei denen die Vorherrschaft *einer* Art zur Kennzeichnung verwendet wird.

Derartige Kriterien der Vegetationsgliederung haben selbstverständlich ihre Berechtigung nur für Pflanzengesellschaften, die durch das Vorherrschen einer oder einiger weniger Arten ausgezeichnet sind. Damit ist zugleich die Grenze der sinnvollen Anwendbarkeit dieser Methode umrissen. Solche Verhältnisse finden sich vor allem bei artenarmen Gesellschaften oder in Gebieten, die an sich floristisch arm sind. Letzteres trifft z. B. auf große Teile der nordischen Länder mit ihrer über weite Strecken einförmigen Vegetation zu. Aus diesen Gegebenheiten wird verständlich, daß die wissenschaftliche Ausarbeitung dieser vegetationskundlichen Arbeitsrichtung in den nordischen Ländern erfolgte: Vegetationsgliederungen nach einzelnen Arten sind das Kennzeichen der sogenannten *Nordischen oder Skandinavischen Schule,* die auch als *Uppsalaer Schule* bezeichnet wird.

Bei der Ermittlung der Vegetationseinheiten gehen die Vertreter dieser Schule folgendermaßen vor: In einem Bestand werden etliche kleine Probeflächen nach den Prinzipien der Frequenzmethode untersucht. Soweit mit 1-m^2-Flächen gearbeitet wird, geht damit durchweg auch eine Mengenschätzung nach dem Verfahren von HULT-SERNANDER einher. Die Untersuchungsergebnisse dieser Kleinflächen – und zwar handelt es sich im allgemeinen um 4–10, selten mehr – werden in Tabellenform gebracht und dabei die „Dominanten" und „Konstanten" herausgearbeitet. Als solche gelten diejenigen Arten, die in *mindestens 90%* der untersuchten Kleinflächen vorkommen, also mit sehr großer Regelmäßigkeit in einem bestimmten Pflanzenbestand auftreten.

Mit diesem Verfahren erfaßt man jedoch Arten unterschiedlichen Charakters. Die „90-%-Bedingung" erfüllen einmal diejenigen Arten, die infolge ihrer großen Menge auffallend hervortreten, d. h. dominieren; das sind die eigentlichen *Dominanten,* die auch als *„konstante Dominante"* bezeichnet werden. Zum anderen handelt es sich um Arten, die zwar ebenfalls sehr regelmäßig vorkommen, ohne aber im eigentlichen Sinne „auffallend" zu sein; dieses sind die *Konstanten* im engeren Sinne.

Dieser Unterschied sei an einem Beispiel erläutert. Besonders in den nördlichen Bezirken unserer Republik

Tabelle 4. Agrostis stolonifera-Juncus gerardi-Soziation (aus STØRMER 1938)

1-m²-Flächen	Bestand A										Bestand B										K %
	1	2	3	4	5	6	7	8	9	10	11	12	13	14	15	16	17	18	19	20	
F. *Agrostis stolonifera*	2	1	2	1	.	1	1	1	1	1	3	2	2	3	3	3	3	2	2	2	*95*
Aster tripolium	3	3	3	4	3	4	5	5	4	5	.	.	.	.	.	.	.	.	.	.	50
Atriplex hastatum	1	1	1	1	1	1	1	1	1	1	.	.	.	.	.	.	.	.	.	.	50
Bidens tripartitus	.	.	.	.	.	.	.	.	.	.	1	1	.	.	.	.	.	.	.	.	10
Cochlearia officinalis	1	1	.	.	.	.	.	.	.	1	1	.	1	.	.	.	.	.	.	.	25
Festuca rubra	1	.	.	.	.	.	.	.	.	.	.	.	.	.	.	.	.	.	.	.	5
Glaux maritima	.	.	1	.	.	.	.	.	.	.	2	2	3	3	3	3	2	2	2	3	55
Juncus gerardi	5	4	4	4	5	4	5	5	5	4	5	5	5	5	5	5	5	5	5	5	*100*
Leontodon autumnalis	.	.	.	.	.	.	.	.	.	.	1	.	.	.	.	.	.	.	.	.	5
Lotus corniculatus	.	.	.	.	.	.	.	.	.	.	.	.	1	.	.	.	.	.	.	.	5
Plantago major	.	.	.	.	.	.	.	.	.	.	3	3	3	2	2	3	3	3	2	3	50
Plantago maritima	.	.	1	.	.	.	.	.	.	1	1	1	1	1	.	.	1	1	.	.	40
Puccinellia maritima	.	.	.	.	1	.	.	.	.	.	.	.	.	.	1	1	1	1	1	1	35
Sagina nodosa	.	.	.	.	.	.	.	.	.	.	2	1	1	1	.	.	.	.	.	.	20
Sagina procumbens	.	.	.	.	.	.	.	.	.	.	1	1	1	1	1	1	.	1	1	.	40
Scirpus uniglumis	.	.	.	.	.	.	.	.	.	.	.	.	.	.	.	.	.	1	.	.	5
Trifolium pratense	.	.	.	.	.	.	.	.	.	.	1	.	.	.	.	.	.	.	.	.	5
Triglochin maritimum	.	.	.	1	1	.	.	1	1	1	1	.	1	1	1	2	2	2	1	1	70
Vicia cracca	.	.	.	.	.	.	.	.	.	.	1	.	.	.	.	.	.	.	.	.	5
B. Vaucheria spec.	1	1	1	1	1	1	1	1	1	1	.	.	.	.	.	.	.	.	.	.	—
Gefäßpflanzen pro m²	6	5	6	5	5	4	4	5	5	7	13	8	10	8	7	7	7	9	7	6	

Die Ermittlung dieser Soziation erfolgte auf Grund der Analyse zweier Bestände. Konstante Arten sind Agrostis stolonifera und Juncus gerardi; diese werden auch zur Namensbildung herangezogen.

gibt es häufig blaubeerreiche Kiefernbestände. Bei diesen ist die Blaubeere (*Vaccinium myrtillus*) eine auffallend hervortretende Art. Da sie bei Frequenzanalysen sicher in wenigstens 90% der Untersuchungsflächen vorkommt, ist sie daher als Dominante bzw. konstante Dominante zu bezeichnen. Fast überall kommt zusammen mit der Blaubeere auch die Schlängelschmiele (*Deschampsia flexuosa*) vor. Diese gehört zwar nicht zu den auffallend hervortretenden Arten, wohl aber infolge der Regelmäßigkeit ihres Auftretens zu den Konstanten.

Werden bei den Frequenzanalysen keine Mengenangaben gemacht, wie es z. B. der Fall ist, wenn man 1-dm²-Flächen untersucht, können selbstverständlich nur Konstante ausgeschieden werden.

Die Konstanten und Dominanten werden meist an den Anfang der Tabellen gestellt. Die anderen Arten, die für die Kennzeichnung der Vegetationseinheiten keine Rolle spielen, werden im allgemeinen willkürlich, oft nur nach dem Alphabet angeordnet. Untenstehende Tabelle aus einer Arbeit von STØRMER (1938) veranschaulicht die von den Vertretern der Nordischen Schule gehandhabte Darstellungsweise.

Die 90-%-Grenze für die Ausscheidung der Konstanten bzw. Dominanten ist lediglich eine konventionelle Angelegenheit; zeitweilig begnügte man sich auch schon mit einem Grenzwert von 50%.

Die auf diese Weise gewonnenen Vegetationseinheiten werden nach dem Vorschlag von DU RIETZ, einem der bedeutendsten Vertreter der Skandinavischen Schule, als Soziationen bezeichnet.

Die Bezeichnung „Soziation" kam allerdings erst nach 1930 auf; früher nannte man sie „Assoziation". Zu diesem terminologischen Wechsel sah man sich veranlaßt, da inzwischen in Mitteleuropa die BRAUN-BLANQUET-Schule bedeutenden Einfluß gewonnen hatte und ihre Vegetationseinheiten ebenfalls als „Assoziationen" bezeichnete.

In der ursprünglichen Fassung galten die Soziationen nur für jeweils *eine* Vegetationsschicht. Später wurde ihr

Gültigkeitsbereich auch auf mehrere Schichten ausgedehnt, allerdings mit der Einschränkung, daß sich in jeder Schicht wenigstens eine Konstante ermitteln läßt. Wenn sich dagegen bei mehrschichtigen Pflanzengesellschaften nur in *einer* Schicht eine Konstante findet, spricht man von *Konsoziationen*. Gerade bei artenreicheren und vielschichtigen Pflanzengesellschaften sind Konsoziationen viel häufiger als Soziationen.

Die Benennung der Soziationen und Konsoziationen geschieht nach den konstanten Arten (z. B. *Pinus silvestris* — *Vaccinium myrtillus* — *Pleurozium schreberi*-Soziation; oder: *Calluna* — *Geranium sanguineum* — *Hylocomium proliferum* — *Pleurozium schreberi*-Soziation). Bei Vorhandensein von mehreren Konstanten ergeben sich dabei oft recht umständliche Namen.

Eine derartige Methode der Vegetationsgliederung ist verhältnismäßig unproblematisch. Ihr größter Vorteil dürfte darin zu erblicken sein, daß mit Hilfe der Soziationen recht gut auch feinere Mengen-Verschiedenheiten der Vegetation zu erfassen sind. Verständlicherweise wird eine Art mit um so höherem Prozentwert in den kleinen Aufnahmeflächen anzutreffen sein, je häufiger sie ist. Daher können bei gleicher Artenzusammensetzung je nach den Mengenverhältnissen verschiedene Arten konstant werden und damit die Ausscheidung verschiedener Soziationen bedingen.

In unserer heimischen Vegetation spielen Mengen-Verschiedenheiten im allgemeinen keine so große Rolle. Standörtliche Unterschiede rufen bei uns fast durchweg Veränderungen im Artengefüge hervor. Im artenarmen Nordeuropa liegen die Dinge jedoch etwas anders. Dort reagiert die Vegetation bei entsprechenden standörtlichen Unterschieden weniger durch einen Artenwechsel als vielmehr durch Mengenverschiebung. Gerade diese Tatsachen sind vielleicht das beste Argument für die Berechtigung der Soziationslehre. Daraus dürfte aber auch zu verstehen sein, daß diese sich in Mitteleuropa nicht einzubürgern vermochte.

Wir wiesen bereits darauf hin, daß die Frequenzflächen, die ja die Grundlage für die Tabellen darstellen, in den meisten Fällen nur aus *einem* Pflanzenbestand stammen; allenfalls werden einige wenige (4—5) Bestandesuntersuchungen zusammengefaßt. Die auf dieser Basis ermittelten Soziationen bzw. Konsoziationen haben daher nur rein lokale Gültigkeit. Dies ist einer der wesentlichsten Nachteile dieses Verfahrens, denn dadurch kann jeder Bearbeiter nahezu unbeschränkt viele Soziationen aufstellen. So z. B. unterschied OSVALD in seiner klassischen Komosse-Arbeit (1923) im Bereich eines einzigen Hochmoores weit über 100 Soziationen[1], REGEL bei der Behandlung der Pflanzendecke der Halbinsel Kola gar über 400 usw. Ein Vergleich derartig lokal gefaßter Vegetationseinheiten mit solchen der mitteleuropäischen Schulen stößt selbstverständlich auf größte Schwierigkeiten.

Schließlich sei noch darauf hingewiesen, daß unter dem Kriterium der Konstanten bzw. Dominanten z. T. recht heterogene Vegetationseinheiten zusammengefaßt werden (z. B. *Calluna*-Soziationen, die sowohl auf Hochmooren als auch auf trockenen Sandböden usw. vorkommen). Aus diesen Gründen geht man jetzt auch in Nordeuropa immer mehr dazu über, die Vegetationseinheiten auf Grund von Artengruppen auszuscheiden.

Einige dieser Schwierigkeiten werden von der Waldtypenlehre vermieden, die von dem finnischen Gelehrten CAJANDER (1903, 1909 usw.) entwickelt und von seinen Schülern weiter ausgebaut wurde. Diese vegetationskundliche Richtung, die sich auf die Bearbeitung von Waldgesellschaften beschränkt, wird meist auch zur Nordischen Schule gerechnet.

Die grundlegenden Vegetationseinheiten, die *Waldtypen*, werden ausschließlich auf Grund der Bodenflora ausgeschieden, wobei diese als Ganzes betrachtet, d. h. nicht nach Kraut- und Moosschicht getrennt wird. Auch hierbei erfolgt die Bestandesanalyse nach der Frequenz-

[1] Damals noch als „Assoziationen" bezeichnet.

methode. Im Gegensatz zu den Soziationen werden jedoch die Waldtypen auf Grund einer umfangreichen Tabellenarbeit ermittelt, zu der möglichst viele Bestandesanalysen herangezogen werden. Auf CAJANDER geht übrigens die auch sonst vielfach angewendete Methode der statistischen Tabellenarbeit zurück. Man kann die Waldtypen CAJANDERS daher auch als „statistisch gesicherte Soziationen bzw. Konsoziationen" bezeichnen. Durch die statistische Untermauerung besitzen die Waldtypen einen verhältnismäßig weiten Gültigkeitsbereich. — Verwandte Waldtypen bilden eine *Waldtypenklasse.* So werden unterschieden:

die *Klasse der Heidewälder* mit dem Cladonia-Typ (= Flechten-Typ), dem Calluna-Typ (= Heidekraut-Typ) und dem Vacciniumtyp (= Preiselbeer-Typ),

die *Klasse der frischen, moosreichen Wälder* mit dem Myrtillus-Typ (= Blaubeer-Typ), dem Oxalis-Myrtillus-Typ und dem Oxalis-Typ (= Sauerklee-Typ), sowie

die *Klasse der Hainwälder* mit etlichen, meist krautreichen Typen, die hier nicht im einzelnen aufgezählt zu werden brauchen.

Diese Klassifizierung hat sich in Finnland für die forstliche Praxis als sehr brauchbar und wertvoll erwiesen. Nach diesen Bodenfloren-Typen konnten sowohl die Bonitierung der Holzarten als auch andere wirtschaftliche Maßnahmen vorgenommen werden.

Es hat nicht an Versuchen gefehlt, die Waldtypenmethode auch auf unser Gebiet zu übertragen. Hier blieb ihr jedoch ein nachhaltiger Erfolg versagt.

Zu den Vegetationsgliederungen auf der Basis einzelner Arten gehört auch die *Wiesentypologie* von PETERSEN (1927 und später), dessen Arbeiten gerade bei uns gut bekannt sind. PETERSEN versuchte, das einfache Gliederungsprinzip nach dominanten Arten auch auf die mitteleuropäischen Wiesen anzuwenden. Diesem Vorgehen lag die im Prinzip zweifellos richtige Überlegung zugrunde, daß die Gräser der wirtschaftlich wichtigste Teil der Wiesen sind. Nach dem Vorherrschen einzelner Grasarten werden sogenannte *Wiesenarten*[1] als Vegetationseinheiten ausgeschieden (z. B. Rohrglanzgraswiese, Glatthaferwiese, Knaulgraswiese usw.). Insgesamt unterschied PETERSEN 29 solcher Wiesenarten. Da jedoch in unseren Wiesen nur selten eine Grasart absolut vorherrscht — wobei man sich nicht durch Aspektbildungen irritieren lassen darf —, wären somit die meisten Wiesen Mischtypen. Außerdem sollen vegetationskundliche Untersuchungen ja über die bloße Feststellung des gegenwärtig Vorhandenen hinausführen, was bei dieser Methode kaum möglich ist. Sie wird daher von der überwiegenden Mehrheit der Pflanzensoziologen abgelehnt.

2. *Vegetationsgliederungen nach statistisch gewonnenen Artengruppen*

Während die Soziationslehre in den floristisch armen skandinavischen Ländern entstand, wurde in den artenreichen alpinen Gebieten eine andere Methode der Vegetationserfassung und -gliederung entwickelt. Jeder, der in den Alpen wandert, ist immer wieder beeindruckt von der Fülle der Arten, die je nach Höhenlage, Hangrichtung, Hangneigung oder sonstiger Geländeausformung, je nach der Art der Gesteinsunterlage usw. oft kleinflächig wechseln. Diese Mannigfaltigkeit im Artengefüge ist hier ein weit mehr auffallender Zug der Vegetation als etwa das Vorkommen von dominierenden Arten. Es ist daher zu verstehen, daß man im alpinen Gebiet schon verhältnismäßig früh versuchte, den Gesamtartengehalt zu erfassen. Man erkannte ferner, daß unter bestimmten Gegebenheiten immer die gleichen Arten zusammen auftreten. Die von CAJANDER entwickelte Methode der Tabellenarbeit gestattete die Herausarbeitung dieser Artengruppen; so entstand hier schließlich eine vegetationskund-

[1] In der Literatur werden sie meist als „Wiesentypen" bezeichnet, einen Terminus, den PETERSEN selbst nicht verwendet.

liche Richtung, die auf statistisch gewonnenen Artengruppen basiert.

Der statistisch-tabellarische Vergleich wurde dann vor allem unter dem Einfluß von BRAUN-BLANQUET bald zur wichtigsten Methode für die Ausscheidung und Anordnung von Vegetationseinheiten.

a) **Aufgabe und Ziel der Tabellenarbeit.** Diese lassen sich im wesentlichen zu 5 Punkten zusammenfassen:

1. Die Tabellen sollen eine übersichtliche und zusammenfassende Vorstellung von den wesentlichsten Merkmalen der betreffenden Pflanzengesellschaft vermitteln.

2. Sie sollen es ermöglichen, die zufälligen kleinen Schwankungen im Artengefüge der Einzelbestände zu abstrahieren und einen gewissen Durchschnitt anzugeben.

Darüber hinaus soll die Tabellenarbeit ergeben:

3. das Eigentümliche (Charakteristische) der betreffenden Pflanzengesellschaft;

4. das Trennende gegenüber anderen Pflanzengesellschaften und

5. das Verbindende mit anderen Pflanzengesellschaften.

Aus den letzten Punkten ergibt sich die Möglichkeit einer Ordnung der Pflanzengesellschaften.

Mit Recht wird gesagt, daß die Tabellenarbeit der Prüfstein für jeden Pflanzensoziologen sei. Wir wollen diese Methode daher an einem Beispiel vorführen, nicht zuletzt deshalb, weil sie für das Verständnis der später behandelten Charakterartenlehre unerläßlich ist.

b) **Beispiel der Tabellenarbeit.** Will man eine größere Anzahl Vegetationsaufnahmen tabellarisch bearbeiten, wird zunächst eine Grobsichtung des Materials vorgenommen mit dem Ziel, diejenigen Vegetationsaufnahmen zusammenzustellen, die voraussichtlich zu einer Pflanzengesellschaft oder wenigstens zu einer Gesellschaftsgruppe gehören. Wie weit man bei dieser Vor-Ordnung gehen kann, ist eine Frage der Erfahrung.

Für unser Beispiel haben wir 18 Aufnahmen von *Salzwiesen* genommen. Wir stellen aus diesen zunächst eine „*Vor-Tabelle*" zusammen, die nichts anderes ist als eine einfache Strichliste. Im „Kopf" werden die Nummern der verwendeten Vegetationsaufnahmen angeführt, in der linken Spalte die Arten und jeweils dahinter deren Vorkommen in den einzelnen Aufnahmen (Tab. 5). Man gewinnt so schnell einen Überblick, wie oft die einzelnen Arten auftreten (Zahlen der rechten Spalte) und kann von vornherein die weiteren Operationen von den zufälligen Arten entlasten, die nur ein- oder zweimal in der ganzen Tabelle auftreten und die gerade bei umfangreichen

Tabelle 5. Vor-Tabelle

Nr. der Aufnahmen: 9, 18, 22, 27, 32, 28, 49, 51, 52, 55, 62, 67, 81, 85, 95, 242, 245, 373 (= 18 Aufnahmen)

Agrostis maritima	= 17
Triglochin maritimum	= 18
Plantago maritima	= 9
Juncus gerardi	= 11
Potentilla anserina	= 15
Phragmites communis	= 14
Glaux maritima	= 4
Triglochin palustris	= 3
Eleocharis pauciflora	= 7
Armeria maritima	= 4
Leontodon autumnalis	= 8
Carex oederi	= 3
Galium palustre	= 3
Centaurium vulgare	= 2
Agropyron repens	= 1
Lotus tenuifolius	= 5
Odontites rubra	= 2
Carex distans	= 1
Festuca rubra litoralis	= 8
Trifolium fragiferum	= 2
Juncus articulatus	= 5
Aster tripolium	= 2
Oenanthe lachenalii	= 2
Poa pratensis	= 2
Trifolium repens	= 1

Tabellen einen ± langen „Rattenschwanz“ bilden. Wir haben mit diesem Vorgehen bessere Erfahrungen gemacht als mit dem üblicherweise angegebenen Verfahren, als ersten Schritt gleich eine „Rohtabelle“ aufzustellen.

Erst nach diesen Vorarbeiten wird die eigentliche Tabelle aufgestellt. An den linken Rand werden – wie bei allen pflanzensoziologischen Tabellen – die Arten untereinander geschrieben, und zwar in der Reihenfolge der Häufigkeit, die sich aus der Vor-Tabelle ergab. Für jede Vegetationsaufnahme dient eine senkrechte Spalte, in der hinter den betreffenden Arten die Artmächtigkeitszahlen usw. eingetragen werden. Im „Kopf“ der Tabelle werden einige allgemeine Angaben, wie Nummer der Aufnahme, Deckungsgrad der Schichten, Artenzahl usw. notiert. Da die Arten bereits nach ihrer Häufigkeit angeordnet sind, kann man eine derartige Tabelle als *vorgeordnete Rohtabelle* bezeichnen (Tab. 6). Bei mehrschichtigen Pflanzengesellschaften werden die Arten nach Schichten getrennt aufgeführt und erst innerhalb der Schichten nach abnehmender Häufigkeit.

Eine solche Rohtabelle wird in den meisten Fällen noch ein recht uneinheitliches Bild bieten. Die Aufnahmen müssen nun so lange umgeordnet werden, bis evtl. vorhandene Vegetationseinheiten sich klar herausschälen. Zuerst wird eine Rechts-Links-Ordnung der Aufnahmen vorgenommen. Am schnellsten ist dies zu erreichen, wenn man die Rohtabelle entsprechend den einzelnen Aufnahmen in senkrechte Streifen zerschneidet. Diese Streifen kann man dann so oft umlegen, bis man Zusammengehöriges herausgearbeitet hat.[1]

In unserer Tabelle zeigen drei Gruppen von Vegetationsaufnahmen jeweils untereinander gewisse floristische Übereinstimmungen: einmal die Aufnahmen Nr. 32, 49,

[1] Im Gegensatz zu der hier dargelegten Methode empfehlen viele Autoren ein wiederholtes Umschreiben der Tabellen. Abgesehen davon, daß dies ein sehr zeitraubendes und ermüdendes Verfahren ist, können sich dabei auch viele Fehler einschleichen. Wir haben daher eine Blechstreifenmethode entwickelt, über die Näheres in FUKAREK 1961 (S. 79 f.) nachgelesen werden kann.

Tabelle 6. Vorgeordnete Rohtabelle

Nr. der Aufnahme Kr % Artenzahl	9 100 8	18 100 13	22 100 7	27 100 9	32 100 6	38 100 8	49' 100 6	51 100 8	52 100 8	55 100 9	62 100 7	67 100 12	81 100 9	85 100 6	95 100 7	242 100 7	245 100 6	373 100 13
Triglochin marit.	3	3	3	1	2	3	4	4	4	3	3	4	4	4	4	3	3	3
Agrostis maritima	3	3	5	3	5	3	5	4	5	3	5		4	5	3	5	5	2
Potentilla anserina	1	1	1		2	2	+	1	+		2	+	1	+		+	[+]	1
Phragmites	1	2°		2°	+°	3	1°		+°	2°	3	+°		1°	+°	2		2°
Juncus gerardi	1		+	3	+		[1]	+		4			2	2			2	2
Plantago maritima		2		2			+	3		3		3	3		3			3
Festuca rubra		2						2		2		1	2		+		+	3
Leont. autumnalis		1		2	+			+		1		2			1			3
Eleocharis paucifl.	3	2	3			2					3					3	+	
Juncus articulatus		+	1								+					+		
Lotus tenuifolius				r						+		+	+	r	+			
Armeria maritima				1					r	1								1
Glaux maritima	3	1				+			+									
Carex oederi	1					2					+							
Galium palustre						+		+					+					
Triglochin palustris		1	1													1		
Odontites rubra				+									2					
Trifol. fragiferum												3						4
Aster tripolium												+						+
Oenanthe lachenalii			+					+										
Poa pratensis																		
Centaurium vulg.		+																
Carex distans		+																
Agropyron repens																		
Trifolium repens																		

Tabelle 7. Differenzierte Tabelle

Nr. der Aufnahme	32	49	52	85	245	55	95	81	51	27	373	67	18	9	38	62	242	22
Kr %	100	100	100	100	100	100	100	100	100	100	100	100	100	100	100	100	100	100
Artenzahl	6	6	6	6	6	9	7	9	8	9	13	12	13	8	8	7	8	7
Triglochin marit.	2	4	4	4	3	3	4	4	4	1	3	4	3	3	3	3	3	3
Agrostis maritima	5	5	5	5	5	3	3	4	4	3	2		3	3	3	5	5	5
Potentilla anserina	2	+	+	+	[+]			1	1		1	+	1	1	2	2	+	1
Phragmites	+°	1°	+°	1°		2°	+°			2°	2°	+°	2°	1	3	3	2	
Juncus gerardi	+	[1]		2	2	4		2	+	3	2			1				+
Plantago maritima		+				3	3	3	3	2	3	3	2					
Festuca rubra					+	2	+	2	2		3	1	2					
Leontodon aut.	+					1	1		+	2	3	2	1					
Eleocharis pauc.					+								2	3	2	3	3	3
Juncus articulatus				r									+			+	+	1
Lotus tenuifolius						+	r	+		r		+						
Armeria maritima			r			1				1	1							
Glaux maritima			+										1	3	+			
Carex oederi														1	2	+		
Galium palustre								+	+						+			
Triglochin palustris													1				1	1
Odontites rubra								2		+								
Trifolium fragiferum											4	3						
Aster tripolium											+	+						
Oenanthe lachenalii									+									+
Poa pratensis											+	+	+					
Centaurium vulgare												+	+					
Carex distans											+							
Agropyron repens												+						
Trifolium repens																		

52, 85, 245, dann 27, 51, 55, 67, 81, 95, 373 und schließlich 9, 22, 38, 62 u. 242. Die Aufnahme Nr. 18 steht zwischen den beiden letztgenannten Gruppen, da sie sowohl Arten der einen als auch der anderen Gruppe enthält. Es handelt sich hierbei offensichtlich um eine Aufnahme aus einem Übergangsbereich zwischen zwei Vegetationseinheiten; sie ist „unsauber" und daher herauszunehmen. Schließlich fallen in der zweiten Gruppe noch zwei Aufnahmen (Nr. 67 u. 373) dadurch auf, daß ihre Artenzahl gegenüber den anderen wesentlich höher ist und daß sie in *Trifolium fragiferum*, *Aster tripolium* usw. eine Artengruppe haben, die den anderen Aufnahmen fehlt. Durch die entsprechende Ordnung der Vegetationsaufnahmen zeichnen sich einige Artengruppen ab, die offensichtlich verschiedenen Vegetationseinheiten eigentümlich sind. Diese Arten werden zweckmäßigerweise durch Umrandung hervorgehoben. Man erhält auf diese Weise eine *differenzierte Tabelle*, die gewisse Vegetationseinheiten schon mehr oder weniger deutlich erkennen läßt (Tab. 7).

Der nächste Schritt besteht darin, die Arten der sich abzeichnenden Gruppen in einer Oben-Unten-Ordnung zusammenzustellen. Dazu muß die Tabelle selbstverständlich umgeschrieben werden. Daraus entsteht die *geordnete differenzierte Tabelle* (Tab. 8). Die Anordnung der Artengruppen ist dabei weitgehend Auffassungssache Man kann zunächst die allen Vegetationseinheiten gemeinsamen Arten anführen und auf diese die Artengruppen, die nur auf eine Vegetationseinheit beschränkt sind, folgen lassen, man kann auch umgekehrt verfahren und mit den Artenblöcken beginnen. Wie Tab. 8 zeigt, ziehen wir letzteren Weg vor, da die Gruppe der durchgehenden Arten meist heterogen ist und später aufgeteilt werden muß.

Die Abfolge der Arten innerhalb der (in unserem Beispiel 4) Gruppen erfolgt nach abnehmender Stetigkeit. Unter dem Begriff der *Stetigkeit* wird das zahlenmäßige Vorkommen einer Art in bezug auf die Gesamtzahl der Vegetationsaufnahmen der betreffenden Pflanzengesell-

Tabelle 8. Geordnete differenzierte Tabelle

	Triglochin maritimum-Agrostis maritima-Gesellschaft																
	Typische Untergesellschaft					Plantago maritima-Untergesellschaft							Eleocharis-Untergesellschaft				
											Trifolinum fragiferum-Variante						
Nr. d. Aufnahme	32	49	´52	85	245	55	95	81	51	27	373	67	9	38	62	242	22
Kr %	100	100	100	100	100	100	100	100	100	100	100	100	100	100	100	100	100
Artenzahl	6	6	6	6	6	9	7	9	8	9	13	12	8	8	7	S	7
Plantago maritima		+				3	3	3	3	2	3	3					
Festuca rubra					+	2	+	2	2		3	1					
Leontodon autumnalis	+					1	1		+	2	3	2					
Lotus tenuifolius						+	r	+		r		+					
Armeria maritima			r			1				1	1						
Odontites rubra								2		+							
Eleocharis pauciflora					+								3	2	3	3	3
Juncus articulatus				r											+	+	1
Carex oederi													1	2	+		
Triglochin palustris																1	1
Glaux maritima			+										3	+			
Trifolium fragiferum											4	3					
Aster tripolium											+	+					
Poa pratensis											+	+					
Trifolium repens												+					
Triglochin maritimum	2	4	4	4	3	3	4	4	4	1	3	4	3	3	3	3	3
Agrostis maritima	5	5	5	5	5	3	3	4	4	3	2		3	3	5	5	5
Potentilla anserina	2	+	+	+	[+]			1	1		1	+	1	2	2	+	1
Phragmites	+°	1°	+°	1°		2°	+°			2°	2°	+°	1	3	3	2	
Juncus gerardi	+	[1]		2	2	4		2	+	3	2		1				+
Galium palustre								+	+					+			
Oenanthe lachenalii									+							+	
Centaurium vulgare												+					
Agropyron repens											+						

Tabelle 9. Stetigkeitstabelle und Stetigkeitsklassentabelle

	Typische Unterges.	Plantago-Unterges.	Eleocharis-Unterges.	Typische Unterges.	Plantago-Unterges.	Eleocharis-Unterges.
Zahl der Aufnahmen	5	5	5	5	5	5
durchschnittlicher Deckungsgrad	100%	100%	100%	100%	100%	100%
durchschnittliche Artenzahl	6	8,4	7,6	9	8,4	7,6
Plantago maritima	20 +	100 3		I	V^{3}	
Festuca rubra litoralis	20 +	80 1—2		I	IV	
Leontodon autumnalis	20 +	80 1		I	IV	
Lotus tenuifolius		80 +—1			IV	
Armeria maritima	20 r	40 1		I	II	
Odontites rubra		40 1			II	
Eleocharis pauciflora	20 +		100 3	I		V^{3}
Juncus articulatus	20 r		60 +	I		III
Carex oederi			60 1			III
Triglochin palustris			40 1			II
Glaux maritima	20 +		40 1—2	I		II
Triglochin maritimum	100 3—4	100 3	100 3	V^{3-4}	V^{3}	V^{3}
Agrostis maritima	100 5	100 3—4	100 4	V^{5}	V^{3-4}	V^{4}
Potentilla anserina	100 +—1	40 1	100 1—2	V	II	V
Phragmites communis	80 +—1°	60 1—2°	80 2	IV	III	IV
Juncus gerardi	80 1—2	80 2—3	40 +—1	IV	IV	II
Galium palustre		40 +	20 +		II	I
Oenanthe lachenalii		20 +	20 +		I	I

schaft verstanden. Fast durchweg wird die Stetigkeit in Prozenten angegeben. Die Stetigkeit der einzelnen Arten ist ein sehr kennzeichnendes Merkmal der Pflanzengesellschaften. Sie ergibt sich genauso wie die durchschnittliche Artenzahl u. a. erst auf Grund der Tabellenarbeit, stellt also im Gegensatz zu den Merkmalen der Vegetationsanalyse ein *synthetisches Merkmal* bzw. eine synthetische Eigenschaft dar.

Will man mehrere Vegetationseinheiten oder die Einheiten verschiedener Gebiete miteinander vergleichen, so werden Tabellen, die jede einzelne Vegetationsaufnahme enthalten, viel zu unübersichtlich und unhandlich. Das gilt besonders dann, wenn es sich um eine große Anzahl von Aufnahmen und um artenreiche Pflanzengesellschaften handelt. Für solche *Übersichtstabellen* verwendet man Zusammenfassungen, wobei man für jede Vegetationseinheit die Stetigkeit der Arten berechnet. Man gelangt so zu *Stetigkeitstabellen*, in denen für jede Vegetationseinheit nur die Stetigkeitswerte der einzelnen Arten und evtl. deren mittlere Mengen angegeben werden. So benötigt man nur ein oder zwei Spalten pro Einheit, und die Tabellen werden dadurch viel übersichtlicher. In Tab. 9 ist unser Beispiel in dieser komprimierten Form wiedergegeben.

Viele Autoren gehen noch weiter und verzichten selbst auf die Stetigkeits-Prozentwerte; sie begnügen sich mit der Angabe der *Stetigkeitsklassen*. Nach dem Vorschlag

Die Darstellung der *Artmächtigkeitswerte* in Stetigkeitstabellen wird unterschiedlich gehandhabt, da die Mitteilung dieser Werte problematisch ist. Etliche Autoren geben deshalb nur die Grenzwerte an (z. B. *Triglochin maritimum* 1—4). Andere bilden aus den Artmächtigkeitszahlen den einfachen arithmetischen Mittelwert (in unserem Fall: *Triglochin maritimum* 3). Dieses Verfahren ist eigentlich nicht korrekt, da die Artmächtigkeitswerte keine linear ansteigenden Größen darstellen. Trotzdem findet man oft derartige Angaben, da sie schnell zu errechnen sind. Eine dritte Möglichkeit besteht darin, die Artmächtigkeitszahlen in *mittlere Bedeckungsgrade* umzurechnen und diese zu mitteln. Nach dem Vorschlag von TÜXEN und ELLENBERG (1937) kann man hierfür folgende Werte einsetzen (rechte Spalte der nebenstehenden Tabelle). Auch dies ist jedoch nur ein Notbehelf.

von BRAUN-BLANQUET umfaßt die Stetigkeitsklasse I den Bereich von 1–20% Stetigkeit, II den von 21–40%, III den von 41–60%, IV den von 61–80% und V den von 81–100%. Diese Darstellungsweise ist für unser Beispiel ebenfalls in Tab. 9 auf der rechten Seite wiedergegeben. Mittlere Artmächtigkeitswerte werden hier nur ausnahmsweise, und zwar in Form von Exponenten gebracht.

Artmächtigkeit	Spanne des Deckungsgrades in %	Mittlerer Deckungsgrad in %
5	75–100	87,5
4	50–75	62,5
3	25–50	37,5
2	5–25	15
1	} 5	2,5 } festgesetzt
+		0,1
r	wird nicht berücksichtigt	–

Stetigkeitsklassentabellen sind in der pflanzensoziologischen Literatur der Gegenwart sehr verbreitet, da sie viel weniger Platz beanspruchen und vor allem viel geringere Druckkosten verursachen. Sie haben jedoch den großen Nachteil, daß das ihnen zugrunde liegende Aufnahmematerial einer kritischen Überprüfung kaum mehr zugänglich ist. In noch höherem Maße gilt das, wenn nicht einmal mehr für jede einzelne Vegetationseinheit eine vollständige Liste gegeben wird, sondern wenn selbst verschiedene Untereinheiten einer Pflanzengesellschaft in eine einzige Tabelle eingearbeitet werden. Die Artengruppen, die die Untereinheiten kennzeichnen, werden dabei meist mit d_1, d_2, . . signiert. Wie man selbst an unserem einfachen Beispiel sieht, sind solche Tabellen nicht nur schwer lesbar, sondern auch nur in begrenztem Maße auszuwerten (Tab. 10).

Abgesehen von den eben behandelten Fragen der Tabellen-Darstellungsmethodik ist als Ergebnis des bisherigen Verarbeitungsganges folgendes festzuhalten: Wie man sich an unserem Beispiel selbst leicht überzeugen kann, *führt diese Art der Tabellenarbeit zwangsmäßig und unabhängig vom jeweiligen Bearbeiter — also objektiv — zum Erkennen der vorhandenen Vegetationseinheiten bzw. Artengruppen.* Jeder Bearbeiter wird bei unserem Salzwiesenbeispiel zu dem gleichen Ergebnis kommen: nämlich, daß die 18 Aufnahmen vier verschiedenen Vegetationseinheiten angehören.

Tabelle 10. Stetigkeitsklassentabelle mit eingearbeiteten Untereinheiten

	Triglochin maritimum	V^3
	Agrostis maritima	V^4
	Potentilla anserina	IV
	Phragmites communis	IV
	Juncus gerardi	IV
d_1	Plantago maritima	V^3
	Festuca rubra litoralis	IV
	Leontodon autumnalis	IV
	Lotus tenuifolius	IV
	Armeria maritima	II
	Odontites rubra	II
d_2	Eleocharis pauciflora	V^3
	Juncus articulatus	III
	Carex oederi	III
	Triglochin palustris	II
	Glaux maritima	II

Es ging uns bei unserem Beispiel zwar in erster Linie um das Prinzip der Tabellenarbeit, nicht etwa darum, den Leser mit der Gliederung der Salzwiesen vertraut zu machen. Trotzdem dürfte es nicht verfehlt sein, hierüber noch einige Angaben nachzutragen.

Die ausgeschiedenen 4 Salzwiesengesellschaften sind auch in ökologischer Hinsicht gut charakterisiert. Die Salzwiesen mit der *Eleocharis*-Gruppe sind eine sehr kennzeichnende Ausbildungsform im Bereich der salzärmeren Ostsee. Sie nehmen dort die tiefsten Geländepartien ein, die während des ganzen Jahres zeitweilig vom Brackwasser überstaut werden. Im salzreicheren Gebiet der westlichen Ostsee und vor allem der Nordsee wächst unter diesen Gegebenheiten der Andelrasen. Im Gegensatz dazu nehmen die Salzwiesen der *Plantago*-Gruppe bei uns die höchstgelegenen Teile ein — soweit Salzwiesen zur Ausbildung kommen. Die *Plantago*-Salzwiesen kennzeichnen demnach unter den salzhaltigen Standorten die relativ salzärmsten. Die ebenfalls dazugehörenden zwei Aufnahmen mit *Trifolium fragi-*

ferum usw. stellen eine Weide-Variante dar. Derjenige Salzwiesentyp schließlich, dem sowohl die *Plantago*- als die *Eleocharis*-Gruppe fehlt, nimmt zwischen den beiden genannten Ausbildungsformen eine vermittelnde Stellung ein. Diese *Agrostis maritima*-Salzwiesen sind bei uns sozusagen die „normale" Ausbildungsform.

Wir haben oben die verschiedenen Typen der Salzwiesen absichtlich nur in sehr neutraler Weise benannt. Die auf dem geschilderten Weg ermittelten Vegetationseinheiten (die zunächst selbstverständlich nur für dasjenige Gebiet Gültigkeit haben, aus dem die Vegetationsaufnahmen stammen) sind ihrem Wesen nach *ranglos*. Die Möglichkeit, eine gewisse Rangstufung vorzunehmen, — die nichts anderes darstellt als eine abgestufte floristische Ähnlichkeit — deutet sich allenfalls bei den Aufnahmen Nr. 67 und 373 im Vergleich zu der Aufnahmegruppe Nr. 27, 51, 55, 81, 95 an (vgl. Tab. 8). Über die hierarchische Ordnung dieser vier Vegetationseinheiten im Sinne des später besprochenen Systems von BRAUN-BLANQUET kann man in diesem Stadium der Untersuchung noch nichts sagen. Welche der herausgearbeiteten Einheiten nun etwa als Assoziationen, Subassoziationen usw., bzw. welche Arten als Assoziations-, Verbands- usw. Charakterarten zu werten sind, läßt sich durch den tabellarischen Vergleich von Aufnahmen eines begrenzten Gebietes nicht ohne weiteres entscheiden. In diesem Punkt setzt eine gewisse Subjektivität ein, die auch BRAUN-BLANQUET selbst indirekt zugibt, wenn er vom „Takt" des Bearbeiters besonders im Hinblick auf die Umgrenzung der Assoziationen spricht.

Wie man jedoch auf dem Wege des tabellarischen Vergleicheszu einem *System* der Pflanzengesellschaften kommmen kann, werden wir später sehen. Auf jeden Fall — und das sei besonders hervorgehoben — *kann man mit diesen ranglosen Vegetationseinheiten in der Praxis arbeiten*, man kann sie auch kartieren und andere Untersuchungen darauf aufbauen.

Wir haben das Salzwiesenbeispiel gewählt, da bei diesen artenarmen Gesellschaften die Verarbeitungsschritte viel leichter verfolgbar sind als bei kompliziert aufgebauten, vielschichtigen oder floristisch besonders reichhaltigen Phytocoenosen. Um das Prinzip der Tabellenarbeit zu zeigen, mögen die wenigen Vegetationsaufnahmen genügen. Für die tatsächliche Erarbeitung von Vegetationseinheiten reichen jedoch 5 oder gar nur 2 Aufnahmen keineswegs aus! Bei einer derartig geringen Zahl könnte man schwerlich von „statistisch" gewonnenen Artengruppen sprechen. Um auch die Variabilität der Pflanzengesellschaften zu erfassen, erscheint es uns unbedingt notwendig, mindestens so viele Aufnahmen zu berücksichtigen, wie die durchschnittliche Artenanzahl der betreffenden Vegetationseinheit ausmacht. Auf unser Beispiel angewendet, hieße das: 6 + 8,4 + 12,5 + 7,6 = 34—35 Aufnahmen. In besonderem Maße gilt das vor allem bei Erstbeschreibungen von Pflanzengesellschaften.

Wir wollen nun diejenigen Vegetationsgliederungen bzw. -systeme betrachten, die das Prinzip der Tabellenarbeit zur Grundlage haben.

c) **Das pflanzensoziologische System von Braun-Blanquet.** Die mit großem Abstand bisher erfolgreichste vegetationskundliche Arbeitsrichtung, bei der die Tabellenarbeit ein grundlegendes Kriterium darstellt, ist das pflanzensoziologische System von Josias Braun-Blanquet. Wir wollen dieses daher ausführlicher behandeln. Seine Bedeutung wird indirekt auch dadurch unterstrichen, daß in manchen Ländern (z. B. in der Volksrepublik Polen) die Bezeichnung „Planzensoziologie" synonym geworden ist mit dem „Pflanzensoziologischen System von Braun-Blanquet", daß man dort Bezeichnungen wie „Charakterartenlehre" einfach mit „Pflanzensoziologie" oder „Phytocoenologie" schlechthin übersetzt.

Entstehungsgeschichte. Das auf floristischer Basis aufgebaute System von Braun-Blanquet wurde in den Schweizer Alpen entwickelt. Wir wiesen bereits darauf hin, daß das alpine Gebiet im besonderen Maße geeignet ist, zu floristisch gefaßten Vegetationseinheiten bzw. zu einem entsprechend gestalteten System zu führen. So waren vor Braun-Blanquet auch schon andere Schweizer Forscher auf diesen methodischen Weg gelangt. Bereits 1907 hatte Brockmann-Jerosch in seinem großen Werk „Flora des Puschlav und seine Pflanzengesellschaften" den Grundstein zu dieser Betrachtungsweise gelegt. Brockmann stellte zwar konstant vorkommende Arten in den Vordergrund, arbeitete aber z. T. auch schon mit Artengruppen und kam so zu „Charakterpflanzen". Er gab auch schon Hinweise für den Ausbau eines hierarchischen Systems. Etwas später folgten die Arbeiten von C. SCHRÖTER über Schweizer Wiesen, die gleichfalls in diese Richtung gingen.

BRAUN-BLANQUET baute auf diesen Vorarbeiten auf. Seine Arbeiten aus den Jahren 1913 bis etwa 1920 führen zwar über BROCKMANN und die anderen hinaus, sind aber insgesamt noch als Vorläufer seiner späteren Lehre zu betrachten. Erst 1921 erschien seine grundlegende Arbeit: „Prinzipien einer Systematik der Pflanzengesellschaften auf floristischer Grundlage“. Diese stellt den eigentlichen Beginn der modernen Pflanzensoziologie dar. Es ist das große Verdienst von BRAUN-BLANQUET, seine Gedanken in sehr klarer, logischer und überzeugender Weise dargelegt zu haben. Dies dürfte sicher *ein* Grund dafür sein, daß bald auch andere Vegetationskundler nach diesen Methoden zu arbeiten begannen. Besonders hervorzuheben ist, daß BRAUN-BLANQUET gleichzeitig mit den Methoden der Vegetationsgliederung auch die der Vegetationsanalyse entwickelte, so daß ein klares und abgeschlossenes Lehrgebäude entstand. Eine besonders starke Verbreitung erfuhr seine Lehre, als 1928 die erste Auflage seiner „Pflanzensoziologie“ erschien. Bald wurde die BRAUN-BLANQUETsche Arbeitsrichtung in vielen Ländern führend; zeitweilig konnte man sie sogar als „Modewissenschaft“ mit allen damit zusammenhängenden Vor- und Nachteilen bezeichnen. Gegenwärtig ist sie die wichtigste vegetationskundliche Richtung in ganz Mittel- und Südeuropa sowie großen Teilen West- und Osteuropas. Selbst in den skandinavischen Ländern und sogar in den Tropen bürgert sie sich mehr und mehr ein.

Die Lehre von BRAUN-BLANQUET wurde im Laufe der Zeit mit verschiedenen Namen belegt, die zum großen Teil auf den Entstehungsort bzw. die Arbeitsstätten ihres Gründers hinweisen. Man findet die Bezeichnungen: Pflanzensoziologisches System von BRAUN-BLANQUET, Schule von BRAUN-BLANQUET, Schweizer Schule, Züricher Schule bzw. Schule von Zürich-Montpellier oder Schule von Montpellier, Charakterartenlehre usw. Alle diese Bezeichnungen sind gleichbedeutend.

Auf welchen generellen Prinzipien beruht diese Lehre? Es sind zwei Grundpfeiler:

1. der floristisch-tabellarische Vergleich und
2. die sogenannte soziologische Progression.

Der erste Punkt bezieht sich vor allem auf die Ermittlung, der zweite auf die konkrete Anordnung der Pflanzengesellschaften.

Ermittlung der Vegetationseinheiten

An dem Beispiel der Erarbeitung einer Vegetationstabelle hatten wir gezeigt, auf welche Weise man zu objektiven, lokal gültigen Vegetationseinheiten gelangen kann. Eine gewisse Rangstufung der ermittelten Pflanzengesellschaften deutete sich dabei bereits an. Wenn man nun mehrere lokale Tabellen zusammenfaßt und sie mit solchen anderer Pflanzengesellschaften vergleicht, gelangt man – zumindest theoretisch – zu einer hierarchischen Gliederung, d. h. im Prinzip auf das BRAUN-BLANQUETsche System.

Wir wollen versuchen, dies an einem *Buchstabenschema* zu veranschaulichen.

Nehmen wir an, wir hätten 10 Pflanzengesellschaften, die sich aus verschiedenen Artengruppen zusammensetzen. Jede Artengruppe sei durch einen Buchstaben dargestellt. Die 10 Pflanzengesellschaften sind in der obersten Reihe des Schemas angeführt (s. S. 67).

Wir sehen, daß bei diesen die Buchstaben a bis k jeweils nur in *einer* Vegetationseinheit vorkommen. Die durch diese Buchstaben symbolisierten Artengruppen sind also nur *einer* Vegetationseinheit eigen, mit anderen Worten: sie charakterisieren diese, sind kennzeichnend für sie. Diese Artengruppen wären demnach Kennarten (Charakterarten) der Vegetationseinheiten 1 bis 10. Die Buchstaben l, m, o, p, r, s und t sind dagegen jeweils mehreren Einheiten gemeinsam. So zum Beispiel kommen die Artengruppen m, r und t in den Einheiten 3 bis 5 vor usw.

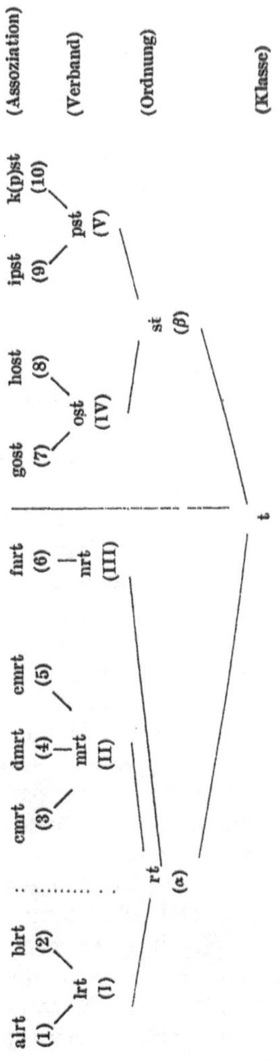
alrt (1)
blrt (2)
lrt (I)
cmrt (3)
dmrt (4)
emrt (5)
mrt (II)
fmrt (6)
nrt (III)
gost (7)
host (8)
ost (IV)
ipst (9)
k(p)st (10)
pst (V)
rt (α)
si (β)
t
(Assoziation)
(Verband)
(Ordnung)
(Klasse)

Sie lassen sich also nicht für die Unterscheidung der Vegetationseinheiten der obersten Zeile verwenden. Diese Buchstaben, die jeweils mehreren Einheiten gemeinsam sind, sind in der zweiten Zeile nochmals wiedergegeben. Auch hier finden wir wieder Gemeinsames und Trennendes. Die Artengruppen l, m, n, o und p sind auf diese „nächsthöheren" Einheiten beschränkt, sind für diese (I bis V) kennzeichnend, während r, s und t wiederum bei mehreren gemeinsam vorkommen. Auf diese Weise kann man weiter verfahren und gelangt so zur Ausscheidung und Charakterisierung noch zweier weiterer Stufen. Die Artengruppe t verbindet alle 10 Ausgangs-Vegetationseinheiten, ist demnach eine Kennarten-(Charakterarten)-Gruppe hohen Ranges. Demgegenüber ist z. B. die Artengruppe s nur den Einheiten 7 bis 10, die Artengruppe p nur den Einheiten 9 und 10 gemeinsam.

Aus diesem Buchstabenschema lassen sich auch einige Sonderfälle ableiten. In der Vegetationseinheit 10 ist der Buchstabe p eingeklammert. Stellen wir uns vor, daß die Artengruppe p dort fehlt, so könnte man zwar nicht angeben, ob die Vegetationseinheit 10 zur übergeordneten Einheit IV oder V (zweite Zeile) gehört; wohl aber muß sie auf Grund des Vorhandenseins der Artengruppe s zu der noch höheren Einheit β (dritte Zeile) gehören. Man kann also eine gewisse Einordnung auch bei Fehlen gewisser Gruppen vornehmen. Ein anderer Sonderfall ist in der Reihe 6—III—α dargestellt. Man kann daraus entnehmen, daß u. U. eine Kennartengruppe einer niederen Einheit (n in 6) gleichzeitig die Kennartengruppe einer höheren (n in III) sein kann.

Diese Arbeitsweise ist im Grunde genommen nichts anderes als die konsequente Fortsetzung des Verfahrens, das wir oben für die Ausscheidung der ranglosen Vegetationss einheiten angewendet haben. Auf diese Weise läßt sich eine relative Rangordnung, ein hierarchisches System auf der Grundlage der floristischen Verwandtschaft aufstellen. Sicher ist nicht zu leugnen, daß ein solches System sehr logisch und überzeugend erscheint. Wir wollen jedoch nicht verschweigen, daß die Sache in Wirklichkeit nicht ganz so einfach ist, wie man es nach obigem Schema vermuten könnte.

Rangfolge und Benennung. Wenn man eine solche Stufung der Vegetationseinheiten herausarbeiten kann, liegt es selbstverständlich nahe, die einzelnen Rangstufen auch nomenklatorisch zu kennzeichnen. BRAUN-BLANQUET hat dafür folgende Bezeichnungen vorgeschlagen: Die Grundeinheit ist die *Assoziation.* Die Vegetationseinheiten 1 bis 10 in unserem Schema würden also Assoziationen entsprechen. Die nächsthöhere Einheit, die in der Regel mehrere Assoziationen umfaßt, ist der *Verband* (= Allianz). Dies wären in unserem Schema die Einheiten I bis V der zweiten Zeile. Mehrere Verbände bilden eine *Ordnung* (Einheiten α und β), und über diesen wiederum steht als höchste floristisch gefaßte Einheit die *Klasse.* Die Klassen haben untereinander keine weiteren floristischen Beziehungen, wenn man allenfalls von einigen übergreifenden oder weitverbreiteten Arbeiten absieht.

Über die Klassen stellt BRAUN-BLANQUET noch den *Gesellschaftskreis.* Dieser beruht zwar ebenfalls auf floristischer Basis, geht aber nicht aus dem Tabellenvergleich hervor. Ihm liegt die im Laufe der Zeit gemachte Erfahrung zugrunde, daß bestimmte Klassen nur in bestimmten Regionen vorkommen. So z. B. gibt es etliche Klassen, die nur im nordischen und alpinen Bereich vorkommen, andere, die auf das Mediterrangebiet beschränkt sind usw. Der Gesellschaftskreis ist praktisch gleichbedeutend mit dem pflanzengeographischen Begriff der Florenregion. Auf dieser Ebene begegnen sich beide Betrachtungsweisen: die Pflanzensoziologie und die floristische Pflanzengeographie.

BRAUN-BLANQUET unterscheidet für Europa vier Gesellschaftskreise: 1. den eurosibirisch(-nordamerikanischen), 2. den alpin-hochnordischen, 3. den mediterranen und 4. den irano-kaspischen.

Die Assoziation ist nach BRAUN-BLANQUET zwar die *Grundeinheit,* nicht dagegen die kleinste Vegetationseinheit seines Systems. Assoziationen lassen sich oft noch in *Subassoziationen* und diese u. U. noch weiter in *Varianten* gliedern. Gelegentlich wird als kleinste Vegetationseinheit noch die *Fazies* ausgeschieden; diese besitzt keine ihr eigenen Arten mehr, sondern zeichnet sich nur durch das Vorherrschen einer Art (seltener mehrerer Arten) aus. Die Fazies entspricht somit etwa den Soziationen der Nordischen Schule.

Die *Benennung* der erwähnten Kategorien von Pflanzengesellschaften erfolgt in der Regel nach ein oder zwei Arten. Da das BRAUN-BLANQUET-System auf floristischer Basis beruht, ist eine derartige Benennungsweise auch durchaus naheliegend.

Für jede Stufe des hierarchischen Systems hat man bestimmte Endungen eingeführt, an denen man sofort den Rang der betreffenden Vegetationseinheit erkennen kann.

Rangstufe	Endung	Beispiele
Klasse	-etea	Corynephoretea, Querco-Fagetea
Ordnung	-etalia	Corynephoretalia, Fagatalia silvaticae
Verband	-ion	Corynephorion, Luzulo-Fagion
Assoziation	-etum	Corynephoretum, Querco-Carpinetum
Subassoziation	-etosum	Corynephoretum cladonietosum, Juncetum gerardi leontetosum
Variante	ohne Endung	Juncetum gerardi leontetosum, var. von Trifolium fragiferum
Fazies	-osum	Myrtillo-Pinetum callunosum

Die obige Tabelle enthält nur die hauptsächlichsten Prinzipien der Benennung. Zum besseren Verständnis der Nomenklatur seien noch einige ergänzende Ausführungen gemacht.

Die von Arten abgeleiteten Gesellschaftsnamen werden manchmal auch mit ökologischen oder geographischen Begriffen verbunden (z. B. *Xero*-Brometum, Quercetum *medioeuropeum*).

In vielen Fällen reicht die Gattungsbezeichnung für eine eindeutige Benennung aus. Die Beschränkung auf den Gattungsnamen hat allerdings meist den Charakter einer Abkürzung, vor allem bei den niederen Einheiten. So braucht man z. B. kaum die Gesellschaft der Silbergrasfluren als „Corynephoretum *canescentis*" zu bezeichnen; der Name „Corynephoretum" genügt ohnehin, da es bei uns keine andere Corynephorus-Art gibt. Wenn jedoch der Gattungsname allein nicht ausreichend erscheint, kann die Artbezeichnung hinzugefügt werden; sie steht dann im Genetiv. Zum Beispiel unterscheidet man ein Zosteretum *nanae* (Assoziation des Zwerg-Seegrases, Zostera nana) im Gegensatz zum Zosteretum *marinae* (der Assoziation des Gemeinen Seegrases, Zostera marina). Oder: eine Gesellschaft des Brackwasser-röhrichts wird als Scirpetum *maritimi* bezeichnet, da es auch etliche andere Scirpus-Arten (Simsen) gibt.

Wenn der Name einer Art (bzw. Gattung) nicht ausreicht, können auch die Namen von zwei Arten (Gattungen) herangezogen werden. Der erste Gattungsname endet dann in der Regel mit -eto oder -o, der zweite ist durch einen Bindestrich getrennt und trägt das Rangsuffix (z. B. Querceto-Betuletum, = Querco-Betuletum; Luzulo-Fagion usw.).

Bei Assoziationen und Subassoziationen ist es zulässig, statt des Suffix-Gebrauches den Rang direkt anzugeben. Statt „Corynephoretum" kann man auch sagen „Assoziation von Corynephorus canescens". Im deutschen Schrifttum ist diese Art der Benennung bei Assoziationen verhältnismäßig selten, dagegen wird sie oft bei Subassoziationen angewendet. Statt: „Juncetum gerardi leontetosum" findet man häufig die Schreibweise „Juncetum gerardi, Subass. von Leontodon autumnalis". Obligatorisch ist diese zuletzt angeführte Benennungsweise bei den Varianten. fast durchweg üblich ist sie auch bei der Fazies. Statt „Myrtillo-Pinetum *callunosum*" heißt es meist „*Calluna-Fazies* des Myrtillo-Pinetum" oder „Myrtillo Pinetum, *Calluna-Fazies*".

In diesem Zusammenhang seien noch einige weitere Probleme der Benennung der Pflanzengesellschaften angeschnitten. Die Namensbildung hat z. B. auch eine *philologische Seite* zum Inhalt. Das macht sich vor allem bei denjenigen Namen bemerkbar, die aus zwei Gattungsbezeichnungen zusammengesetzt sind. Es besteht bisher keine Einigung darüber, ob die Endung des ersten Gattungsnamens nach dem lateinischen Dativ zu bilden ist oder ob dafür konventionell die Endung -o oder -eto zu verwenden ist. So findet man nicht selten verschiedene Schreibweisen (z. B. Cari*ceto* elongatae-Alnetum, Cari*co* elongatae-Alnetum, Cari*ci* elongatae-Alnetum).

Für die Benennung werden im allgemeinen solche Arten (Gattungen) herangezogen, die für die betreffende Pflanzengesellschaft besonders kennzeichnend sind. Manchmal ist jedoch der Name einer solchen Art schon „vergeben"; man muß dann u. U. auch auf weniger charakteristische Arten zurückgreifen. Das mag vielleicht störend sein; man muß sich jedoch vor Augen halten, daß der Name einer Pflanzengesellschaft nur ein Symbol zur leichteren Verständigung, nicht aber unbedingt eine Inhaltsangabe darstellt In der Taxonomie liegen die Verhältnisse ganz ähnlich.

Die Nomenklatur der Pflanzengesellschaften nach der Charakterartlehre fußt, wie wir schon mehrfach betont haben, auf Art- bzw. Gattungsnamen. Nun sind auch diese oftmals leider nicht absolut feststehend, sondern Änderungen unterworfen. Jedem Botaniker ist das leidige Kapitel der Synonyme genügend vertraut Es erhebt sich nun die Frage, ob eine Namensänderung aus taxonomischen Gründen auch eine Änderung der betreffenden Pflanzengesellschaftsnamen zur Folge haben muß. Taxonomisch-nomenklatorische Änderungen haben im allgemeinen zwei Seiten zum Inhalt, die man auseinanderhalten sollte. Ein Teil der Namensänderungen liegt in Prioritätsfragen[1] begründet. Durch neuere Forschungen kann sich z. B.

[1] Das heißt: die älteste Beschreibung ist die gültige.

herausstellen, daß ein bisher eingebürgerter Name illegitim und daher durch einen anderen zu ersetzen ist. Zum Beispiel hieß die Gemeine Fichte lange Zeit Picea *excelsa*; der Name ist jetzt in Picea *abies* umzuändern. Das Manna-Gras hatte lange den wissenschaftlichen Namen Glyceria *aquatica*; die Art muß korrekt Glyceria *maxima* heißen usw. Derartige Namensänderungen bürgern sich im allgemeinen verhältnismäßig rasch ein. In diesen Fällen sollte man die Namen der Pflanzengesellschaften ebenfalls entsprechend ändern.

Ein anderer Grund für Namensänderungen liegt in Gattungsaufspaltungen. Zum Beispiel kann man der Meinung sein, daß die Gattung Bärlapp, *Lycopodium* nicht einheitlich sei und in mehrere Gattungen aufgeteilt werden müsse. *Lycopodium* selago wird dann zu *Huperzia* selago, *Lycopodium* complanatum zu *Diphasium* complanatum, *Lycopodium* inundatum zu *Lepidotis*. inundatum. Auch hierfür ließen sich mühelos viele weitere Beispiele anführen. Derartige Aufteilungen entbehren jedoch u. U. nicht der subjektiven Meinung des betreffenden Taxonomen Sie sind daher in ihrer Verbindlichkeit geringer zu bewerten. In diesen Fällen dürfte es sich für den Pflanzensoziologen empfehlen, etwas konservativ zu sein und Änderungen von Gesellschaftsnamen erst dann vorzunehmen, wenn die entsprechenden taxonomisch-nomenklatorischen Änderungen sich international durchgesetzt haben.

Wir haben diese Fragen hier berührt, da gerade der Anfänger sich oft keine richtige Vorstellung davon machen kann und lediglich von den nicht seltenen Namensänderungen irritiert wird. Es wäre jedoch falsch, wollte man die nomenklatorische Seite überbewerten; für die Pflanzensoziologie stellt sie nur ein Randproblem dar.

Die Endungen werden an den jeweiligen Stamm des Gattungsnamens angehängt.

Anordnung der Klassen. Wie wir oben ausführten, sind die Klassen die höchsten Einheiten des pflanzensoziologischen Systems von Braun-Blanquet, die sich aus dem tabellarischen Vergleich ergeben. Für deren Anordnung verwendet Braun-Blanquet das Kriterium der *soziologischen Progression.* Er versteht darunter die Fortentwicklung in der Organisation der Planzengesellschaften, d. h. ihre „*Organisationshöhe*". Diese spiegelt sich vor allem in der Art des Aufbaues und in der Zusammensetzung nach bestimmten Lebensformen wider. Als Zeichen für eine primitive Organisation werden zum Beispiel angesehen: Einschichtigkeit, Zusammensetzung der Pflanzengesellschaften aus Kryptogamen, aus Wasserpflanzen oder Einjährigen usw. Merkmale hoher Organisation sind demgegenüber: Vielschichtigkeit, wesentliche Beteiligung von Gehölzen an der Zusammensetzung der Pflanzengesellschaften u. dgl. BRAUN-BLANQUET hat hierfür einen recht ausführlichen Bestimmungsschlüssel ausgearbeitet (1951, Seite 578 f.)

Auf diese Weise kann eine Anordnung der Klassen vorgenommen werden; am Anfang stehen Kryptogamengesellschaften, ihnen folgen einschichtige Wasserpflanzengesellschaften, dann sonstige einschichtige Gesellschaften aus Therophyten usw. Den Schluß des Systems bilden vielschichtige, kompliziert aufgebaute Waldgesellschaften aus Laubhölzern.

Eine Anordnung der Klassen nach diesen Überlegungen ist jedoch nur bedingt möglich; für viele ergibt sich hierbei weder eine zwangsmäßige noch objektive Reihenfolge, d. h., es bleibt genügend Spielraum für subjektives Ermessen. Es ist deshalb verständlich, daß die Reihenfolge der Klassen von den einzelnen Autoren keineswegs einheitlich gehandhabt wird.

Wir sprachen bisher nur von der Anordnung der Klassen. Das Kriterium der soziologischen Progression gilt an sich ebenso für die Anordnung der anderen Einheiten, z. B. für die Ordnungen innerhalb einer Klasse usw. Bei den Einheiten unterhalb der Klasse hat jedoch die soziologische Progression im allgemeinen eine recht geringe Bedeutung, da in diesem Bereich Unterschiede in der Organisationshöhe oft nicht deutlich hervortreten.

Mit dem Kriterium der soziologischen Progression wird das sonst bei der Lehre von BRAUN-BLANQUET so konsequent angewendete floristische Prinzip durchbrochen. Der Begriff der soziologischen Progression stammt übrigens aus einer Zeit, als BRAUN-BLANQUET und viele seiner Anhänger in den Pflanzengesellschaften organismische Gebilde sahen und sie daher mit taxonomischen Einheiten vergleichen zu können glaubten. Mit der Aufgabe dieser Vorstellungen ist aber eigentlich auch das Kriterium der soziologischen Progression ins Wanken geraten.

Selbstverständlich besteht eine praktische Notwendigkeit, zumindest die Klassen möglichst einheitlich anzuordnen. Dies kann jedoch u. E. nur in konventioneller

Weise geschehen. Wenn man die neuere Literatur überblickt, gewinnt man den Eindruck, daß für die Anordnung der Klassen und in noch höherem Maße für die der niedrigeren Einheiten immer mehr ökologisch bedingte Entwicklungsreihen herangezogen werden (s. auch Teil V).

Die Fassung der Assoziation als Grundeinheit. In einem früheren Abschnitt zeigten wir an Hand des Buchstabenschemas, auf welche Weise man zu einer Rangfolge der Pflanzengesellschaften kommen kann. Man muß sich jedoch darüber im klaren sein, daß diese Rangstufung keine absolute, sondern nur eine *relative* ist. Von der Fassung der Grundeinheit, der Assoziation, hängt zwangsmäßig auch die Stellung der anderen (über- u. untergeordneten) Einheiten ab. Deshalb ist die Frage: was ist eine Assoziation, wie kann man sie abgrenzen? von entscheidender Bedeutung für das ganze pflanzensoziologische System BRAUN-BLANQUETS.

BRAUN-BLANQUET hat die Assoziation wie folgt definiert: Eine Assoziation ist eine Pflanzengesellschaft, die vor allem durch bestimmte, ihr eigene oder vorzugsweise eigene *Charakterarten* sowie durch ± zahlreiche Differentialarten[1] gekennzeichnet ist. Sie ist die niederste Vegetationseinheit seines Systems, die Charakterarten besitzt.

Diese Auffassung des Assoziationsbegriffes ist keineswegs die einzige in der Vegetationskunde. Der Begriff ist seit HUMBOLDT in sehr verschiedenem Sinn angewendet worden; wir waren u. a. bei der Behandlung der Soziationslehre bereits auf ihn zu sprechen gekommen. Nun gibt es eine Definition des Assoziationsbegriffes, die nach dem Vorschlag von FLAHAULT und SCHRÖTER auf dem Internationalen Botanikerkongreß zu Brüssel 1910 beschlossen wurde und damit einen verbindlichen Charakter trägt. Es wurde damals folgende Definition angenommen: „Eine Assoziation ist eine Pflanzengesellschaft von bestimmter floristischer Zusammensetzung, einheitlichen Standortsbedingungen und einheitlicher Physiognomie". Die Fassung des Assoziationsbegriffes von BRAUN-BLANQUET ist demnach mit der Brüsseler Definition nicht identisch. Es hätte u. E. jedoch wenig Sinn, gegenwärtig versuchen zu wollen, den Assoziationsbegriff auf den Inhalt der Brüsseler Definition zurückzuführen oder gegen die unterschiedlichen Assoziations-Auffassungen zu polemisieren. Man darf nicht vergessen, daß 1910 eine moderne Pflanzensoziologie noch gar nicht bestand und daß seitdem die Forschung viele damals völlig unbekannte Aspekte geliefert hat.

[1] Vgl. S. 77.

Charakterarten. Für die Assoziationsfassung im Sinne von BRAUN-BLANQUET sind also vor allem die Charakterarten (d. h. genauer gesagt, die Assoziations-Charakterarten) wichtig. Es sei in diesem Zusammenhang gleich hinzugefügt, daß analog dazu Verbände durch Verbands-Charakterarten, Ordnungen durch Ordnungs-Charakterarten und Klassen durch Klassen-Charakterarten gekennzeichnet werden. Die Charakterarten (gleich welchen Ranges) stellen so den eigentlichen Kernpunkt seiner ganzen Lehre dar, die deshalb auch vielfach als *Charakterartenlehre* bezeichnet wird.

Wohl kaum ein vegetationskundlicher Begriff ist so viel diskutiert und umstritten worden wie gerade der Begriff der Charakterarten. Für deren Ausscheidung ist nach BRAUN-BLANQUET das Kriterium der Treue (Fidelität) maßgeblich, wobei unter Treue bzw. Gesellschaftstreue die mehr oder weniger große Bindung von Arten an eine bestimmte Pflanzengesellschaft verstanden wird. Ursprünglich unterschied BRAUN-BLANQUET 5 Treuegrade, die wie folgt gekennzeichnet wurden:

Treuegrad 5 = *treu*: Arten, die ausschließlich oder fast ausschließlich in *einer* pflanzensoziologischen Einheit (d. h. Assoziation, Verband usw.) vorkommen.

Treuegrad 4 = *fest*: Arten, die eine deutliche Bindung an *eine* bestimmte pflanzensoziologische Einheit (Assoziation usw.) zeigen, daneben aber auch in anderen Einheiten auftreten, dort jedoch nur spärlich.

Treuegrad 3 = *hold*: Arten, die in mehreren Einheiten ± reichlich vorkommen, aber in *einer* bestimmten Einheit ihr Optimum besitzen.

Treuegrad 2 = *vag*: Arten ohne ausgesprochenen Anschluß an eine bestimmte pflanzensoziologische Einheit.

Treuegrad 1 = *fremd*: Arten, die seltene oder mehr zufällige Einsprengsel darstellen, z. B. Relikte aus früher vorhandenen Pflanzengesellschaften u. dgl.

Als *Charakterarten* werden solche der Treuegrade 3 bis 5 (d. h. holde, feste und treue Arten) bezeichnet, während die Arten der Treuegrade 1 und 2 (fremde und vage) unter der Bezeichnung „*Begleiter*“ zusammengefaßt werden. Letztere haben nach BRAUN-BLANQUET keinen diagnostischen Wert.

SZAFER und PAWŁOWSKI haben 1927 ein wesentlich erweitertes, komplizierteres Schema zur Treueermittlung der Arten einer bestimmten Assoziation und damit zur Bestimmung der Charakterarten ausgearbeitet. Es bezieht sich auf das Verhalten der Arten bei annähernd gleicher Vitalität und Soziabilität. St bedeutet darin die Stetigkeitsklasse, M die mittlere Artmächtigkeit.

In der vorliegenden Assoziation	In anderen Assoziationen
gesellschaftstreu (5)	
St 4–5 M 3–5	{ St 1 M r–2 St 1–2 M r–1
St 4–5 M r–2	St 1 M r (–2)
St 1–3 M beliebig	fehlend oder nur ausnahmsweise vorkommend
gesellschaftsfest (4)	
St 4–5 M 3–5	{ St 2–3 M r –2 St 3–4 M r–1 (als Assoziationsrelikt oder Pionier)
St 4–5 M r–2	St 2–3 M r–1 (2)
St 3–4 M r–2	St 1–2 (3) M r–1 (2)
St 1–3 M r–2	St bedeutend geringer, M meist geringer
gesellschaftshold (3)	
St beliebig M 3–5	St gleich hoch M r–2
St beliebig M beliebig	St und M deutlich geringer oder St und M etwas geringer oder M geringer, Vitalität herabgesetzt.

gesellschaftsvag (2)
Stetigkeit, Menge und Vitalität in 2 oder mehreren Gesellschaften ungefähr gleich.

gesellschaftsfremd (1)
St 1 M r–1'
Vitalität herabgesetzt.

Nur an abweichenden oder gestörten und daher untypischen Stellen oder nur in der Randzone spärlich und selten auftretend.

Hervorzuheben ist, daß bei diesem Schema sowohl die Stetigkeit als auch die Mengenverhältnisse und die Vitalität mit berücksichtigt sind.

Eine Entscheidung darüber, ob eine Art treu, fest, hold usw. ist, läßt sich streng genommen erst dann treffen, wenn die meisten Pflanzengesellschaften eines Vegetationskreises bekannt sind. Da dieses Ziel noch längst nicht erreicht ist, haben Treueangaben oft nur provisorischen Charakter und bleiben auch in gewisser Weise subjektiv. Man hat daher vielfach versucht, den Gültigkeitsbereich der Charakterarten einzuschränken, und unterscheidet *lokale Charakterarten*, die nur für ein verhältnismäßig kleines Gebiet gelten, und *territoriale Charakterarten*, deren Geltungsbereich sich auf ein größeres Gebiet erstreckt. Damit kommt indirekt zum Ausdruck, daß auch die Treueverhältnisse entsprechend geographisch eingeschränkt werden. *Absolute Charakterarten*, die im gesamten Bereich ihres Vorkommens in einer Vegetationseinheit die Treuegrade 3—5 aufweisen, gibt es offensichtlich nur recht selten.

Differentialarten. Assoziations-Charakterarten sind in der Regel nicht auf *eine* bestimmte Assoziation beschränkt, sondern kommen auch in anderen Assoziationen vor. Dies geht aus der Kennzeichnung der Treuegrade sowohl von Braun-Blanquet als auch von Szafer und Pawłowski ohne weiteres hervor. In besonders hohem Maße gilt dies für die „holden" Arten. Solche Arten können jedoch u. U. gewisse Untereinheiten im Bereich anderer Assoziationen kennzeichnen: sie werden dort zu *Differential- oder Trennarten*. Selbstverständlich brauchen Trennarten nicht unbedingt andernorts Charakterarten zu sein. Allgemein kann man sagen, daß Differentialarten nur in bestimmten Untereinheiten vorkommen und diese kennzeichnen, daß sie jedoch nicht auf eine bestimmte Assoziation beschränkt sind, sondern auch in anderen Assoziationen, Verbänden usw. auftreten. Je nach den Merkmalen, die durch solche Differentialarten zum Ausdruck gelangen, kann man edaphische, klimatische, geographische, genetische usw. Differentialarten unterscheiden. Subassoziationen und Varianten haben nie eigene Charakterarten, sondern werden lediglich durch Differentialarten gekennzeichnet. In neuerer Zeit zieht man Differentialarten auch zur Abgrenzung höherer Vegetationseinheiten heran (vgl. den nächsten Abschnitt).

Probleme und Stand der Charakterartenlehre. Die in sich geschlossene und durch ihren logischen Aufbau bestechende Lehre von BRAUN-BLANQUET bewirkte, daß bald viele Vegetationskundler nach dieser Methodik arbeiteten. Im Laufe der Zeit wurde so eine Fülle von Material angesammelt, das sich vor allem durch den großen Vorzug der Vergleichbarkeit auszeichnet, da ihm eine einheitliche Methode zugrunde liegt. Gerade dadurch aber erwuchsen immer neue Probleme, die man im Anfang keineswegs voraussehen konnte und die mancherlei Änderungen der ursprünglichen Konzeption erforderlich machten. Bei den ersten soziologischen Bearbeitungen der 30iger Jahre wurden im allgemeinen verhältnismäßig weit gefaßte Assoziationen ausgeschieden, die demzufolge auch verhältnismäßig viele Charakterarten aufwiesen. Mit zunehmender Kenntnis wuchs das Bestreben, die Vegetation feiner zu gliedern, um die verschiedensten standörtlichen Abwandlungen zu erfassen, zumal man auch den Wert klar gefaßter Vegetationseinheiten für die Praxis immer mehr erkannt hatte. Dabei reichte die Stufenfolge: Assoziation — Subassoziation — Variante oft nicht mehr aus. Man erweiterte sie zunächst durch Zwischenglieder, wie Assoziations-Gruppe, Subassoziations-Gruppe, Subvariante, aber auch das genügte nicht immer und war vor allem auch nicht immer zweckmäßig. So beschritt man schließlich einen anderen Weg: man faßte die Assoziationen wesentlich enger, mußte dafür zwangsmäßig aber die früheren weit gefaßten Assoziationen dann in den Rang von Verbänden erheben, frühere Verbände wurden dadurch zu Ordnungen usw. Die Einengung des Assoziationsbegriffes hatte notwendigerweise auch zur Folge, daß für die einzelnen Assoziationen immer weniger Charakterarten zur Verfügung standen.

Eine andere Erscheinung wirkte sich gleichermaßen aus. Die ersten Bearbeiter waren örtlich verhältnismäßig weit voneinander getrennt. Es war daher nicht schwierig, die Assoziationen usw. durch eine größere Zahl lokaler Charakterarten zu kennzeichnen. Allmählich wuchsen die Arbeitsgebiete jedoch zusammen. Da zeigte sich oft, daß eine Art, die in einem bestimmten Gebiet nur in *einer* Assoziation vorkommt und dort daher als gute Assoziations-Charakterart bezeichnet wurde, in benachbarten Gebieten auch (oder sogar vorwiegend) in anderen Gesellschaften auftritt. Gehören diese Gesellschaften (Assoziationen) demselben Verband an, konnte die betreffende Art dadurch den Rang einer Verbands-Charakterart bekommen; gehören die Gesellschaften einer bestimmten Ordnung an, wurde die Art zur Ordnungs-Charakterart usw.; gehören die Assoziationen jedoch verschiedenen Klassen an, blieb nichts anderes übrig, als die Art in die Gruppe der Begleiter einzustufen. Auch dadurch wurden die Assoziationen immer ärmer an Charakterarten, während umgekehrt die Zahl der Begleiter stieg. Man mußte die Erfahrung machen, daß die lokal so klare Ordnung und scharfe Fassung der Vegetationseinheiten um so mehr zerfließt, je größer und eingehender untersucht das Gebiet wird.

Die Entwicklung führte schließlich dahin, daß viele Assoziationen ausgeschieden wurden, die nur noch *eine* Charakterart besitzen oder die sogar lediglich durch Differentialarten gekennzeichnet sind. Diese Tendenz ist gerade in den letzten Jahren vielfach festzustellen. Dadurch wurde aber eine sehr vorteilhafte Grundkonzeption der Braun-Blanquetschen Lehre, eben mit Arten*gruppen* zu arbeiten, praktisch illusorisch. Dies gilt zumindest für viele Assoziationen, weniger für die höheren Einheiten.

Eine andere Folge dieses Vorgehens war die *fortwährende Umbewertung der Charakterarten.* Es ließen sich genügend Arten anführen, die in der Literatur einmal als Assoziations-Charakterart, dann wieder als Verbands-Charakterart, Ordnungs-Charakterart oder gar nur als Begleiter bezeichnet werden. Daß dies eine Übersicht erheblich erschweren muß, liegt auf der Hand. Einige Pflanzensoziologen gelangten daraufhin sogar zu einer völlig ablehnenden Haltung gegenüber der Lehre von Braun-Blanquet.

Zu diesen Ergebnissen trug allerdings auch die voreilige Aufstellung neuer Assoziationen usw. durch etliche Autoren nicht wenig bei. Es gibt genügend Beispiele, daß Assoziations-Neubeschreibungen ein völlig unzureichendes Aufnahmematerial zugrundeliegt. Ein oder zwei, ja selbst drei oder vier Aufnahmen — zumal wenn diese bei Exkursionen entstanden und oft nicht einmal repräsentativ sind — können eben nicht die Grundlage für die Ermittlung „statistisch gewonnener Artengruppen" abgeben.

Ein sehr wesentlicher Grund für das Zustandekommen der eben skizzierten Erscheinungen ist jedoch noch in etwas anderem zu suchen. Mit dem Fortschreiten der Forschung zeigte sich immer mehr, daß es überhaupt nur wenige Arten gibt, die dem von Braun-Blanquet formulierten strengen Treuebegriff entsprechen. Arten, die in ihrem ganzen Areal *einer* Gesellschaft „treu" sind, finden sich allenfalls unter einigen Spezialisten extremer Standorte. Viel häufiger ist die Bindung an eine bestimmte Pflanzengesellschaft nur in einem kleineren Gebiet gegeben.

Die Fragwürdigkeit der „Treue" führte auch dazu, daß man vor einiger Zeit den Begriff der „Charakterart" vielfach fallen ließ und durch „*Kennart*" ersetzte. Beide Begriffe sind weitgehend gleichbedeutend, nur ist die „Kennart" nicht mit dem Treuebegriff behaftet. Man brachte damit auch in nomenklatorischer Hinsicht ein Abrücken vom Treuebegriff zum Ausdruck.

Mit dem Treuebegriff sind aber zwangsläufig auch die Charakterarten und damit ein grundsätzlicher Teil der Charakterartenlehre problematisch geworden. Zum anderen wurden dadurch auch Umgrenzung und Umfang des Assoziationsbegriffes, wenngleich dieser schon immer ziemlich relativ war, in noch höherem Maß in das Ermessen des jeweiligen Bearbeiters gestellt. Es ist leicht einzusehen, daß es für die Systematik der Pflanzengesellschaften keineswegs gleichgültig ist, ob die Grundeinheit (die Assoziation) weit oder eng gefaßt wird. In dieser Hinsicht stehen sich die Meinungen heute oft konträr gegenüber: Während viele Pflanzensoziologen in den letzten Jahren eine enge, manchmal sogar sehr enge Fassung der Assoziationen vertraten, scheint gegenwärtig das Pendel wieder mehr in Richtung einer weiteren Fassung auszuschlagen. Für beide Auffassungen lassen sich plausible Gründe anführen.

Mit den Charakterarten bzw. der Treue ist ein wichtiger Punkt der ursprünglichen Konzeption des Braun-Blanquetschen Systems ins Wanken geraten. Aus dieser Tatsache ist es auch zu verstehen, daß Ellenberg und andere von einer „*Krise der Charakterartenlehre*" sprachen – eine Formulierung, die allerdings von manchen mißverstanden wurde. Die „Krise der Charakterartenlehre" etwa dergestalt zu interpretieren, daß diese Methode generell unbrauchbar sei oder gerade im Bereich der praktischen Anwendbarkeit versagt hätte, ist jedoch völlig abwegig. Man braucht sich z. B. nur die Arbeiten von Tüxen und seiner Schule aus der letzten Zeit anzusehen, um eines Besseren belehrt zu werden.

Viele Bestrebungen der letzten Jahre, auf die wir später noch zu sprechen kommen, resultieren aus dem Bemühen, die aufgetretenen Schwierigkeiten zu überwinden.

Wir möchten jedoch auf folgendes nachdrücklich hinweisen. Die Erfahrungen zeigen, daß es *keine* Schwierigkeiten hinsichtlich der Umgrenzung und Ausscheidung von Vegetationseinheiten bei *lokalen Bearbeitungen* gibt. Der Begriff „lokal" braucht hierbei nicht einmal allzu eng aufgefaßt zu werden; man kann darunter durchaus den Bereich mehrerer Meßtischblätter verstehen. Hier gibt es demnach auch keine Schwierigkeiten, die Ergebnisse für die Belange der *Praxis* auszuwerten und nutzbar zu machen. Soweit praktische Fragen eine Vegetationsgliederung bis zu den kleinsten Einheiten erfordern, ist ihr Anwendungsbereich in den allermeisten Fällen doch nur lokal beschränkt.

Auch bei Bearbeitungen größerer Gebiete – etwa bis zur Größe der früheren deutschen „Länder" – sind die Schwierigkeiten einer Vegetationsgliederung nach den Prinzipien von Braun-Blanquet nicht übermäßig groß. Auf Feinheiten, etwa eine Gliederung bis zur kleinsten Variante, wird man in solchen Fällen ohnehin verzichten. Bei entsprechenden Auswertungen für die Praxis (z. B. Schaffung von Planungsunterlagen) kommt es ja ohnehin nicht auf detaillierteste Einzelheiten an.

Die Schwierigkeiten und Probleme der Charakterartenlehre beginnen erst auf *regionaler Ebene*, d. h. bei der Betrachtung von Vegetationseinheiten eines großen Gebietes, das in klimatischer, florengeschichtlicher und anderer Hinsicht erhebliche Unterschiede aufweist. Bei diesen Fragen hat man, je weiter die pflanzensoziologische Forschung vorwärtsschritt, immer mehr einsehen müssen, daß ein *volles System*, das lückenlos von jeder Variante bis zu den Klassen reicht, unmöglich ist. Ob man allerdings überhaupt die Forderung erheben kann, jeden kleinsten Vegetationsfleck in ein System „einordnen" zu können – noch dazu unabhängig davon, ob es sich um natürliche oder um menschlich bedingte Pflanzengesellschaften handelt – möchten wir bezweifeln. Nach unseren derzeitigen Kenntnissen lassen sich die Verbände, wenn man sie nicht zu eng faßt, sowie die Ordnungen und Klassen gut charakterisieren. Mit Hilfe dieser Einheiten sind auch großräumige Zusammenfassungen durchaus möglich. Die Einheiten unter dem Verband werden dagegen vielfach ranglos und mehr oder weniger lokal gefaßt werden müssen. Die strenge Assoziationsauffassung (mit allgemein gültigen Charakterarten) hat man in der Tat mehr und mehr aufgegeben.

In zunehmendem Maße setzt sich auch eine schärfere geographische Fassung vor allem der Verbände, aber auch etlicher Ordnungen durch. Diese Bemühungen sind sehr zu begrüßen und werden sicher zu einem wesentlich besser fundierten pflanzensoziologischen System führen.

Auf dieser Ebene liegen u. E. gegenwärtig die Hauptprobleme der pflanzensoziologischen Systematik. Einige weitere Fragen, die sich im Laufe der Zeit herausgestellt haben, werden wir in Abschnitt C kennenlernen.

Die Lehre von BRAUN-BLANQUET wurde von einigen Pflanzensoziologen in verschiedenen Punkten abgeändert. Etliche Änderungen, die sich im Laufe der Zeit stillschweigend herausbildeten, hatten wir bereits erwähnt. Einige weitere seien im folgenden behandelt. Wir wollen uns dabei auf zwei Richtungen beschränken: auf eine, die die *geographische Fassung der Vegetationseinheiten* betont, und auf eine andere, die in *soziologischen Gruppen* ein Mittel zur Vegetationsgliederung erblickt. Diese Richtungen entstanden teils aus dem Bestreben, gewisse Schwierigkeiten der bisherigen Konzeption zu beseitigen, teils wollte man auch bestimmte Seiten stärker hervorheben, von denen man glaubte, daß sie bisher zu wenig beachtet worden seien.

Geographisch betonte Vegetationseinheiten. Von den Vertretern dieser Richtung ist vor allem R. KNAPP zu nennen. KNAPP ging von der Beobachtung aus, daß viele Assoziationen — und zwar besonders die weiter verbreiteten — in den einzelnen Bereichen ihres Vorkommens eine etwas unterschiedliche floristische Zusammensetzung aufweisen, die vor allem klimatisch und florengeschichtlich bedingt ist. Solche über große Gebiete verbreiteten Assoziationen bezeichnet KNAPP als *Hauptassoziationen.* Diese stellen nach seinen Auffassungen die unterste Vegetationseinheit dar, die „noch durch absolute oder in einer ganzen Floren-Region gültige Charakterarten ausgezeichnet" ist (KNAPP 1958, S. 42). Die gebietsweise verschiedenen Ausbildungsformen einer Hauptassoziation, die sich durch geographische Differentialarten unterscheiden lassen, bezeichnet er als *Gebietsassoziationen.* Letztere werden durch geographische Zusatznamen gekennzeichnet (z. B. Querceto-Carpinetum *subrhenano-montanum, medio-rhenanum, sub-*

neckarense, *unstruto-saalense* usw.). Ebenso verfährt KNAPP bei den Untereinheiten der Assoziationen: die Subassoziation bezeichnet er als *Hauptsubassoziation* und gliedert sie in geographische Subassoziationen, d. h. Gebiets-Subassoziationen. Dasselbe gilt auch für Varianten und Subvarianten.

KNAPP geht in der geographischen Aufgliederung sehr weit, wie schon aus den oben angeführten Namen einiger seiner Gebietsassoziationen hervorgeht. Jede Ausbildungsform einer Hauptassoziation, die gegenüber der eines anderen Gebietes eine eigene Differentialartengruppe aufweist, wird von ihm als Gebietsassoziation bezeichnet. Ob es sich dabei wirklich immer um geographisch bedingte Unterschiede handelt, bleibe dahingestellt.

Diese Methoden wurden um 1940 entwickelt; sie fanden aber infolge der oberflächlichen Arbeitsweise kaum Anklang. Leider geriet damit auch der theoretisch gute Kern der Sache in Mißkredit. Es dauerte recht lange, bis man sich wieder diesen Fragen zuwendete. Erst in letzter Zeit beschäftigen sich einige Pflanzensoziologen (z. B. SCHWICKERATH, FUKAREK) erneut mit ähnlichen Fragestellungen. Die neueren Bestrebungen zielen jedoch nicht so sehr auf die Ausscheidung geographisch eng begrenzter Gebietsassoziationen, sondern mehr auf die Erfassung der großräumig bedingten Abwandlungsformen. Daß hierfür die Ergebnisse der Arealkunde wertvolle Unterlagen abgeben, braucht wohl kaum betont zu werden.

So z. B. lassen die Eichen-Hainbuchenwälder, die von Westeuropa bis ins mittlere Osteuropa verbreitet sind, eine Gliederung in zumindest fünf geographische Ausbildungsformen erkennen: eine atlantische, mitteleuropäische, baltische, ost- und südosteuropäische. Die Arten, die diese kennzeichnen, sind in den jeweiligen Gebieten aber kaum nur auf die Eichen-Hainbuchenwälder beschränkt, sondern kommen auch in etlichen anderen Gesellschaften vor; z. T. sind sie dort sogar gesellschaftsvag. So treten im atlantischen Bereich *Ilex*, *Teucrium scorodonium*, *Hypericum pulchrum* u. a. in nahezu allen Waldgesellschaften auf, können dort daher nach den üblichen Kriterien von BRAUN-BLANQUET eigentlich nur als Begleiter angesehen werden. Diese Arten kennzeichnen jedoch durchaus bestimmte geographische Ausbildungsformen, geben geographische Differentialarten ab. Es ist auf diese Weise also u. a. auch möglich, die Zahl der Begleiter sinnvoll einzuschränken. — Im Prinzip ähnliche geographische Differenzierungen wurden in letzter Zeit auch für einige Dünen-, Sandtrockenrasen-, Grünland- und Waldgesellschaften aufgezeigt.

Man kann die gebietsweise verschiedenen Ausbildungsformen aber auch als eigene Assoziationen auffassen, die sich regional ablösen. Solche „*vikariierende*" Assoziationen werden vor allem von denjenigen Pflanzensoziologen bevorzugt, die eine engere Fassung des Assoziationsbegriffes vertreten.

Es will uns scheinen, daß sich allmählich auch die Notwendigkeit abzeichnet, den bisher recht allgemein und in verschiedenem Sinn verwendeten Begriff der „geographischen" Differentialart schärfer zu fassen und wohl auch begrifflich aufzuteilen. Bei sorgfältiger und kritischer Bearbeitung dürfte der Methode der geographischen Fassung bestimmter Vegetationseinheiten ein erheblicher Wert zukommen.

Gliederung nach soziologischen Gruppen. Vegetationsgliederungen, deren Grundelement soziologische Gruppen darstellen, weichen stärker von den Prinzipien der Lehre von BRAUN-BLANQUET ab als die im vorigen Abschnitt geschilderten. Auch hierbei beruhen die Vegetationseinheiten aber auf statistisch gewonnenen Artengruppen.

Wie den anderen vegetationskundlichen Methoden liegt auch den soziologischen Gruppen ein Beobachtungskern zugrunde. Hier ist der Ausgangspunkt die Beobachtung, daß bestimmte Arten in einem nicht allzu umfangreichen Gebiet immer gemeinsam angetroffen werden und daß diese Gruppen selbst in verschiedenen Pflanzengesellschaften vorkommen. Diese gemeinsam auftretenden Arten werden aus einer großen Zahl von Vegetationsaufnahmen auf dem Wege des üblichen tabellarischen Vergleichs ermittelt. Es ist also dasselbe Verfahren, das zur Gewinnung von Differentialartengruppen bzw. ranglosen Vegetationseinheiten führt. Die auf diese Weise für ein begrenztes Gebiet herausgearbeiteten Artenkombinationen werden als „*soziologische Artengruppen*" bezeichnet. Sie weisen in dem betreffenden Gebiet etwa die gleichen Standortsansprüche auf und gestatten daher in vielen Fällen auch Rückschlüsse in ökologischer Hinsicht usw. Die Benennung der Gruppen richtet sich nach einer Art, die als besonders kennzeichnend angesehen wird.

Dieses Verfahren wurde bereits in der Vergangenheit von mehreren Pflanzensoziologen angewendet, allerdings meist in recht grober Form und auf lokaler Ebene. Man bezeichnete derartige Gruppen fast durchweg als „*ökologische* Gruppen", was jedoch nicht korrekt ist, da ihnen ökologische Untersuchungen nicht zugrunde liegen.

Die bisher umfassendste Ausarbeitung und konsequenteste Anwendung soziologischer Artengruppen erfolgte in den letzten Jahren durch SCAMONI und seine Schule (SCAMONI 1960, SCAMONI et PASSARGE 1959 usw.).

In gewisser Weise stellen diese Arbeiten von SCAMONI eine Weiterentwicklung früherer Methoden dieses Forschers dar (SCAMONI 1950, 1952 bzw. 54 usw.). In älteren Arbeiten unterschied SCAMONI zwei Kategorien von Wald-Vegetationseinheiten: die *Waldgesellschaft* und den *Typ*. Die Waldgesellschaften wurden ausgeschieden auf Grund der Holzartenkombinationen und danach auch benannt (z. B. Buchen-Eschen-Wald, Buchen-Stieleichen-Wald, Buchen-Traubeneichen-Wald, Traubeneichen-Hainbuchen-Linden-Wald usw.). Sie wurden untergliedert in „Typen", die Einheiten der Bodenvegetation darstellten (z. B. *Wasserfeder*-Erlen-Wald, *Calla*-Erlen-Wald, *Großseggen*-Erlen-Wald, *Sumpfreitgras*-Erlen-Wald usw.). Diese Methode der Gliederung von Waldgesellschaften fand nicht zuletzt wegen ihrer Einfachheit großen Anklang in der forstlichen Praxis.

Der Gültigkeitsbereich der soziologischen Gruppen wird von SCAMONI in zweierlei Hinsicht eingeschränkt: einmal gelten die Gruppen nur für Waldgesellschaften; ein Vorkommen außerhalb des Waldes spielt für ihre Fassung keine Rolle. Zum anderen gelten sie nur für ein begrenztes Gebiet, das etwa dem Sektor im pflanzengeographischen Sinne entspricht, d. h. vor allem für das nordostdeutsche Diluvium.

Als grundlegende Vegetationseinheit gilt die *natürliche Waldgesellschaft*, die der Assoziation gleichgesetzt wird. Diese Einheiten werden auf Grund der verschiedenen Kombination soziologischer Gruppen ausgeschieden. Wesentlich ist ferner, daß die soziologischen Artengruppen von systematischen Einheiten (Assoziationen, Verbände usw.) getrennt werden. Es wurden bisher 33 solcher soziologischer Gruppen ausgeschieden. Sie umfassen meist 6—9 Arten, die Extremwerte liegen bei 1 und 14 Arten.

Das Arbeiten mit diesen soziologischen Gruppen bietet u. a. den Vorteil, daß Umbewertungen der Arten kaum eine Rolle spielen und daß praktisch alle Arten einer Vegetationseinheit diesen Gruppen zugeordnet werden können. Von allenfalls zufällig eindringenden Arten abgesehen, gibt es also keine „Begleiter". Für denjenigen dagegen, der sich mit diesen Gruppen nicht eingehend beschäftigt hat, ist das Trennende bzw. das Verbindende im Vergleich mit anderen Waldgesellschaften nicht immer ohne weiteres ersichtlich. Außerdem ist die Bildung von höheren Einheiten (Verbänden usw.) in noch größerem Maße dem Ermessen des jeweiligen Bearbeiters anheimgestellt als das nach der Methodik von Braun-Blanquet. So haben Scamoni und Passarge (1959) auch ein System der Waldgesellschaften aufgestellt, das von dem bisher üblichen in vielen Punkten stark abweicht.

Die Schwierigkeiten, die der Lehre von Braun-Blanquet auf regionaler Ebene erwachsen sind, werden durch das Arbeiten mit soziologischen Gruppen nicht überwunden. Gerade die Erkenntnis, daß für Vergleiche in einem „großen pflanzengeographischen Rahmen . . . nur wenig Arten zur allgemein gültigen Charakterisierung von Pflanzengesellschaften mit Hilfe der Charakterartenlehre wie auch mit Hilfe soziologischer Artengruppen zur Verfügung stehen" (Scamoni 1960, S. 68), hat Scamoni zu der obenangegebenen geographischen Begrenzung bewogen.

3. Vegetationsgliederungen nach unabhängig von der Statistik gewonnenen Artengruppen

Im wesentlichen handelt es sich hierbei um drei Methoden: um Vegetationsgliederungen nach *ökologischen* Gesichtspunkten, um Vegetationsgliederungen nach *chorologischen* (arealkundlichen) Gesichtspunkten und um Vegetationsgliederungen nach *dynamischen* (entwicklungsgeschichtlichen) Gesichtspunkten. Bemühungen, die Vegetation nach diesen Kriterien zu erfassen und zu gliedern, gehen zu einem guten Teil — wenn auch nicht ausschließlich — auf Pflanzensoziologen zurück, die die Charakterartenlehre ablehnen. Manche dieser Gedanken werden jedoch auch von den Anhängern BRAUN-BLANQUETs zur umfassenderen bzw. zusätzlichen Kennzeichnung von Pflanzengesellschaften verwendet.

a) **Vegetationsgliederungen nach ökologischen Artengruppen.** Unter einer ökologischen Gruppe versteht man eine Anzahl von Arten, die sich in einem bestimmten Gebiet ökologisch annähernd gleich verhalten, d. h., die eine annähernd übereinstimmende „ökologische Konstitution" aufweisen. Da jedoch kaum eine Art in ökologischer Hinsicht anderen Arten völlig gleicht, muß man selbstverständlich für die Gruppenbildung gewisse Abstraktionen vornehmen; sonst wäre eine solche unmöglich.

Die Erarbeitung ökologischer Gruppen kann auf verschiedene Weise erfolgen. Man kann mit Hilfe des tabellarischen Vergleiches bestimmte Artengruppen ermitteln, deren Komponenten sich in ökologischer Hinsicht voraussichtlich einheitlich verhalten. Dieses Verfahren unterscheidet sich nicht von dem, das zur Ausscheidung von Differentialartengruppen bzw. soziologischen Gruppen führt. Diese Gruppen werden erst *nachher* durch ökologische Untersuchungen überprüft bzw. untermauert und gegebenenfalls korrigiert. Eine solche Methode schließt sich sehr eng an die im vorigen Abschnitt behandelten statistisch gewonnenen Artengruppen an. Sie verwertet das umfangreiche Material, das von seiten der BRAUN-

BLANQUET-Schule erarbeitet wurde, und ist, wie ELLENBERG betont, „besonders geeignet, eine Verbindung zwischen der vergleichend-vegetationsstatistischen und der ökologischen Vegetationsuntersuchung herzustellen“ (ELLENBERG 1956, S. 78). Unterbleibt jedoch nach der vegetationsstatistisch vorgenommenen Gruppierung die ökologische Untersuchung, sollte man derartige Gruppen nicht als „ökologische“ bezeichnen (wie es mehrfach erfolgt ist), sondern allenfalls als „soziologische“.

Ein anderer Weg besteht darin, daß man *zuerst* das ökologische Verhalten möglichst vieler Arten in bezug auf einzelne meßbare Standortsfaktoren untersucht (z. B. Bodenazidität, Wasserhaushalt, Temperatur, Licht usw.). Die Arten, die ein gleiches oder ähnliches Verhalten zeigen, werden dann zu einer Gruppe zusammengefaßt. Diese Methode hat zwar gewisse Vorzüge, bereitet aber größere Schwierigkeiten und ist langwieriger.

Die Artengruppen, die man zunächst erhält, beziehen sich jeweils auf *einen* der untersuchten Faktoren. Gegenüber anderen Faktoren können sich die einzelnen Arten dieser Gruppe jedoch recht verschieden verhalten. So können zwei Arten, die bezüglich der Temperatur nahezu gleiche Ansprüche stellen, hinsichtlich der Bodenreaktion große Unterschiede aufweisen. Eine ökologische Gruppe soll jedoch Arten umfassen, die möglichst gegenüber *allen* Standortsfaktoren einheitlich sind. Eine Gruppenbildung kann daher z. T. nach verschiedenen Gesichtspunkten erfolgen und ist oft eine Frage der Zweckmäßigkeit. Auch bei der Aufstellung ökologischer Gruppen ist somit ein subjektives Element nicht auszuschließen.

Die *Benennung der Gruppen* erfolgt nach einer Art, welche die Merkmale der Gruppe am besten verkörpert. Dies muß jedoch keineswegs die häufigste Art der Gruppe sein. Da die Namensgebung willkürlich ist, können vergleichbare Gruppen von verschiedenen Autoren mit unterschiedlichen Namen belegt werden. Dies kann Vergleiche recht erschweren.

Am Aufbau einer Pflanzengesellschaft sind im allgemeinen mehrere bis viele ökologische Gruppen beteiligt. Allenfalls bestehen einige extrem artenarme Gesellschaften nur aus einer Gruppe. Die Kennzeichnung der Gesellschaften basiert einfach auf der Kombination verschiedener Gruppen; es ist dasselbe Verfahren wie bei den soziologischen Gruppen. Die *Benennung der Gesellschaften* geschieht nach 2—3 besonders kennzeichnenden ökologischen Gruppen, wobei meist diejenigen an das Ende des Namens gestellt wird, die den Bestand besonders gut charakterisiert oder in ihm vorherrscht. Zum Beispiel: Ranunculus-Gnaphalium-Sinapis-Gesellschaft (bzw. -Flur), Corydalis-Fagus-Gesellschaft usw.

Die so ausgeschiedenen Vegetationseinheiten sind ihrem Wesen nach ranglos. Man kann sie, wie die obigen Beispiele zeigen, ganz allgemein als -Gesellschaft, -Gemeinschaft, -Flur usw. bezeichnen. Da derartige Bezeichnungen jedoch in erster Linie und seit langer Zeit auch für Einheiten des pflanzensoziologischen Systems von BRAUN-BLANQUET verwendet werden, also für Einheiten, die nach einer ganz anderen Methodik ermittelt sind, dürfte es sich empfehlen, die Vegetationseinheiten auf der Grundlage von ökologischen Gruppen auch terminologisch zu kennzeichnen. Man könnte hierfür (in Anlehnung an Soziation, Assoziation usw.) die Bezeichnung *Ökotion* verwenden. So wäre bei einer als „Corydalis-Fagus-Ökotion" bezeichneten Vegetationseinheit deren methodische Grundlage sofort zu ersehen.

Der Gültigkeits- bzw. Anwendungsbereich ökologischer Gruppen unterliegt den gleichen Beschränkungen wie die soziologischen Gruppen. Auch sie gelten nur für ein begrenztes Gebiet, das hinsichtlich Klima und Flora weitgehend einheitlich ist. Des weiteren gelten sie nur für diejenige Formation (Wald, Grünland, Acker usw.), in der sie aufgestellt wurden. Entscheidend für diese Einschränkung sind vor allem die Konkurrenzverhältnisse; da diese z. B. im Wald andere sind als im Grünland, kann bei gleichen Arten daraus u. U. ein unterschiedliches ökologisches Verhalten resultieren. Beides erschwert selbstverständlich die Arbeit mit ökologischen Gruppen, denn diese müssen für jedes größere Gebiet und für jede Formation neu ermittelt werden. Auf der anderen Seite wird dadurch aber eine vorschnelle Übernahme mit den sich daraus ergebenden Nachteilen verhindert. Günstig, vor allem für den praktischen Gebrauch, wirkt sich dagegen aus, daß die Gruppen, sobald sie erst einmal ermittelt sind, kaum noch geändert oder umgestellt zu werden brauchen. Auch Fortschritte in der Durchforschung des betreffenden Gebietes bleiben auf die Fassung der Gruppen ohne Einfluß. Ferner ist hervorzuheben, daß jeder Einzelbestand unabhängig von vegetationsstatistischen Vergleichen unmittelbar angesprochen und charakterisiert werden kann.

Besonders eingehend hat sich Ellenberg (1950, 1952) mit dieser Arbeitsweise beschäftigt. Das Schwergewicht seiner Untersuchungen liegt auf dem Gebiet der Ackerunkräuter und des Grünlandes. Ellenberg bildete ökologische Gruppen auf dem induktiven Wege, d. h., zunächst wurden die Arten hinsichtlich einzelner Faktoren untersucht, worauf dann eine Gruppenbildung folgte. Bei den *Ackerunkräutern* wurden 5 Faktoren unterschieden: p_H-Wert (Säuregrad, = Reaktion; R), Wasserhaushalt (W), Stickstoffbedarf (N), Temperatur (T) und Gare (G). Jeder Einzelfaktor wird durch einen Buchstaben gekennzeichnet (s. Klammerangaben) und mittels einer 5- bzw. 6teiligen Skala näher differenziert. „1" bedeutet darin den geringsten Wert des betreffenden Faktors bzw. die geringsten Anforderungen an diesen, „3" den mittleren Bereich und „5" den höchsten Wert des betreffenden Faktors. „2" und „4" sind entsprechende Zwischenwerte, und „0" (Null) bedeutet Indifferenz gegenüber dem betreffenden Faktor. (W 1 ist jedoch naß und W 5 trocken, R 1 sehr sauer und R 5 stark basisch!)

Die Ermittlung der Faktoren und ihrer Werte erfolgte auf recht verschiedene Weise. Für die R-Werte (Bodenreaktion bzw. Säuregrad) wurden Äcker herausgesucht, die hinsichtlich anderer Faktoren weitgehend einheitlich waren. Auf diesen Äckern wurden viele p_H-Messungen vorgenommen und an den Meßstellen Vegetationsaufnahmen gemacht. Die Aufnahmen wurden dann nach steigenden p_H-Werten tabellarisch angeordnet und so das Verhalten der Arten hinsichtlich dieses Faktors ermittelt. Ähnlich verfuhr man beim Wasserhaushalt. Hier gaben Pegelmessungen die entsprechenden Bezugswerte ab. Den Temperaturwerten lagen dagegen keine Messungen zugrunde; sie wurden mittels Vergleichs von Arealen bestimmter Arten gewonnen: So umfaßt die Gruppe T 5 (wärmeliebende) diejenigen Unkräuter, die nur südlich der Weingrenze vorkommen, T 4 solche, die bis zur Nordgrenze des Feldahorns reichen, T 3 diejenigen, die bis zur Eichengrenze reichen, T 2 solche, die über die Eichengrenze bis etwa an die Nordgrenze des Getreidebaues gehen und T 1 die über letztere hinausgreifen.

Die einzelnen ökologischen Gruppen wurden nach verschiedenen beherrschenden Faktoren gebildet. Für die Ackerunkrautgesellschaften Südwestdeutschlands unterschied ELLENBERG 25 ökologische Gruppen, die zu fünf Hauptgruppen zusammengefaßt wurden. Um das dabei geübte Verfahren zu erläutern, sei die I. Hauptgruppe, die nach der Bodenreaktion als beherrschendem Faktor aufgestellt wurde, leicht gekürzt wiedergegeben.

Diese Hauptgruppe wird unterteilt in:

1. Kalkanzeiger (R 5)
   a) Trockenheits-Ertragende (W 5)
      nicht Stickstoff-Bedürftige (N 1): *Hasenohr-Gruppe*
      mäßig Stickstoff-Bedürftige (N 2): *Schöterich-Gruppe*
      tiefwurzelnde: *Sichelmöhren-Gruppe*
   b) Frische-Liebende (W 4): *Rittersporn-Gruppe*

2. Kalk-Bevorzugende (R 4)
   a) Frische-Liebende (W 3–4): *Ackersenf-Gruppe*
   b) Nässe-Ertragende (W 2): *Ackersaudistel-Gruppe*

3. Säure-Bevorzugende (R 3 und R 2)

a) Nässe-Ertragende: *Kamillen-Gruppe*
b) Feuchtigkeits-Indifferente: *Hederich-Gruppe*

4. Säureanzeiger (R 1)

a) Trockenheits-Ertragende (W 4–5): *Vogelfuß-Gruppe*
b) Frische-Liebende (W 3–4)
wenig Stickstoff-Bedürftige (N 1–2): *Lammkraut-Gruppe*
Stickstoff-Bedürftige (N 2–3): *Sandhohlzahn-Gruppe*
c) Indifferente gegen Wasserhaushalt (W 0–3): *Knäuel-Gruppe*

Ähnliche Untersuchungen nahm ELLENBERG (1952) auch an Grünlandgesellschaften vor. Auch sie beziehen sich auf Südwestdeutschland. Ebenfalls in diesem Gebiet, jedoch für Waldgesellschaften, haben vor allem SCHLENKER (1950) und SCHÖNHAR (1952, 1953) ökologische Gruppen aufgestellt.

b) **Vegetationsgliederungen nach chorologischen Gruppen.** Jede Art besiedelt ein bestimmtes Areal. Man kann daher die Arten einer Pflanzengesellschaft auch nach der Ähnlichkeit der Areale ihrer Komponenten gruppieren. Diejenigen Arten, die in ihrer Verbreitung einigermaßen übereinstimmen – d. h., die einem bestimmten *Arealtyp* angehören –, können jeweils zu einer *chorologischen Gruppe* zusammengefaßt werden.[1] Pflanzengesellschaften lassen sich daher auch als Kombinationen $\pm$ zahlreicher chorologischer Gruppen betrachten. Diese Kombinationen kann man in Form eines sogenannten *Arealtypenspektrums* veranschaulichen (besser wäre die Bezeichnung chorologisches Gruppenspektrum). Da man (wenigstens theoretisch) jede Art einem bestimmten Arealtyp und damit auch einer chorologischen Gruppe zuordnen kann, gibt es bei den auf diese Weise charakterisierten Pflanzengesellschaften ebenfalls keine „Begleiter“.

Diese Arbeitsrichtung ist durchweg aus einer Ablehnung der Charakterartenlehre entstanden. Sie wurde vor

[1] Die Termini „chorologische Gruppe“ und „Arealtyp“ sollte man auseinanderhalten. Ersterer ist ein pflanzensoziologischer, letzterer ein arealkundlicher Begriff.

allem von MEUSEL und dem Schweizer Botaniker E. SCHMID angewendet. Letzterer machte arealgeographische Kriterien zum Hauptprinzip seines Vegetationssystems. Als höchste Einheiten bezeichnet er die sogenannten *Vegetationsgürtel*, d. h. Gebiete mit chorologisch und sippengeschichtlich ähnlichem Artenbestand. Für Europa unterscheidet SCHMID 15 solcher Vegetationsgürtel (z. B. Buchen-Tannen-Gürtel, Lärchen-Arven-Gürtel, Pulsatilla-Waldsteppen-Gürtel usw.). Diese Gürtel entsprechen z. T. einigen Klassen des BRAUN-BLANQUETschen Systems, sind aber weniger scharf gefaßt.

Allen Vegetationsgliederungen nach chorologischen Gesichtspunkten ist gemeinsam, daß es hierbei mehr um die Gewinnung eines Überblickes als um eine Feingliederung der Pflanzengesellschaften geht. Kleine Vegetationseinheiten (z. B. diejenigen unseres Salzwiesenbeispiels) kann man auf arealkundlicher Basis nicht unterscheiden. Wohl aber lassen sich Extremgesellschaften — vor allem solche extrazonaler Art — verhältnismäßig gut umgrenzen oder Vegetationsunterschiede von Gebieten darstellen, in denen Extreme zusammenstoßen. Hierfür hat u. a. MEUSEL (1940) mehrere Beispiele gegeben. Derartige Vegetationsgliederungen hängen selbstverständlich in starkem Maß vom Stand der arealkundlichen Forschung ab. Unsere derzeitigen Kenntnisse der Pflanzenareale sind jedoch noch recht lückenhaft. Dies gilt ganz besonders für die oft pflanzensoziologisch wichtigen Unterarten und Kleinarten. Daher sind die Auffassungen, welchem Arealtyp eine Art zuzuordnen sei, z. T. ziemlich verschieden.[1] Auch wenn man es ablehnt, Pflanzengesellschaften ausschließlich nach chorologischen Kriterien zu umgrenzen und anzuordnen, kann diese Methode doch öfters eine wertvolle Hilfe darstellen und viele Beziehungen aufdecken helfen.

[1] Das Standardwerk ist bis jetzt die Arealkunde von MEUSEL (1943). Eine wesentlich umfassendere Neuauflage, aus der bereits mehrere Karten im Vorabdruck erschienen sind, ist in Vorbereitung. — Viele Angaben finden sich auch bei HULTÉN (1950).

c) **Vegetationsgliederungen nach der Dynamik.** Pflanzengesellschaften sind nichts Statisches, sondern unterliegen einer ständigen Entwicklung. Sofern diese rasch verläuft, ist sie z. T. unmittelbar zu beobachten. Das bekannteste Beispiel hierfür ist das Verlanden von Seen, bei denen man nicht selten schon nach mehreren Jahren Veränderungen feststellen kann. Auch die Vegetationsentwicklung auf jungfräulichem Boden läßt sich meist unschwer verfolgen (z. B. in natürlichen Anlandungsgebieten, auf gletscherfrei gewordenen Flächen, Bergrutschhalden usw.). Etliche rasch verlaufende Entwicklungen entstehen auch durch Eingriffe des Menschen; man denke nur an die Folge: Kahlschlag mit Aufkommen einer Schlagflora, Vergrasung, Entstehung eines Vorwaldes usw. Viel häufiger verläuft die Vegetationsentwicklung jedoch so langsam, daß sich unseren Augen ein quasistationärer Zustand darbietet.

Der Entwicklungsgedanke hat in der Pflanzensoziologie in verschiedener Weise Eingang gefunden.

Vegetationsgliederung nach Sukzessionen. Die Aufeinanderfolge von Pflanzengesellschaften an einer bestimmten Stelle und in zeitlicher Hinsicht wird ganz allgemein als *Sukzession* bezeichnet. Solche Sukzessionen können als Kriterium für die Gliederung bzw. Anordnung von Pflanzengesellschaften herangezogen werden. Für die Erforschung der Sukzessionen gibt es verschiedene Methoden.

Am sichersten ist selbstverständlich die *unmittelbare Beobachtung*. Sie ist jedoch nur bei sehr rasch verlaufenden Vegetationsentwicklungen anwendbar. Als besonders wertvoll erweist sich hierbei die Einrichtung von sogenannten *Dauerversuchsflächen*, die, in regelmäßigen Abständen untersucht, die genauesten Ergebnisse zu liefern vermögen.

Des weiteren kommen *historische Belege* für die Sukzessionsforschung in Betracht. Mancherlei Hinweise geben auch alte Photographien oder besser noch alte Karten. Nur muß man dabei berücksichtigen, daß diese Unterlagen sich kaum auf gut definierte Pflanzengesellschaften beziehen, sondern nur indirekt etwas über diese aussagen. Zu den historischen Belegen zählen auch die Ergebnisse aus Sediment- oder pollenanalytischen Untersuchungen einschließlich der bei letzteren selbstverständlichen Großrestuntersuchungen. Diese biologischen Urkunden sind meist ergiebiger als die schriftlichen. Sie haben jedoch den Nachteil, daß sich mit ihnen im allgemeinen nur die Vegetationsentwicklungen feuchter Standorte, d. h. die *Hydroserien*, erfassen lassen.

Die am häufigsten angewendete Methode besteht darin, Schlüsse aus *Vegetationszonierungen* zu ziehen. Dieser Weg ist jedoch zugleich der unsicherste. Ein Nebeneinander von Pflanzengesellschaften, eine Zonierung, muß keineswegs auch einem zeitlichen Nacheinander entsprechen. Zonierungen können zwar die Entwicklungsmöglichkeiten zeigen, sind aber nicht als Beweise für Sukzessionen zu werten. Besonders die angloamerikanischen Pflanzensoziologen arbeiten vorwiegend mit solchen Zonationsvergleichen. Gerade hierbei, wie auch überhaupt bei Sukzessionsfragen, ist es unbedingt notwendig, Bewiesenes und auf dem Wege von Schlußfolgerungen oder Vergleichen Gewonnenes bei der Darstellung zu unterscheiden.

Das gilt auch für *tabellarische Vergleiche*, die vielfach zur Ermittlung von Sukzessionen herangezogen werden. Gerade bei rasch verlaufenden Entwicklungen lassen sich bei Pflanzengesellschaften oft Arten feststellen, die auf frühere Zustände, d. h. auf vorangegangene Pflanzengesellschaften hinweisen. Solche Arten werden als entwicklungsgeschichtliche *Relikte* bezeichnet. Andere Arten wiederum, die auf zukünftige Gesellschaften weisen (weil sie in jenen ihr hauptsächliches Vorkommen haben), bezeichnet man als *Pionierarten*. Relikte und Pioniere sind demnach dynamisch-genetische (entwicklungsgeschichtliche) Differentialarten und liefern für die Beurteilung der Sukzessionen wertvolle Anhaltspunkte. Selbstverständlich kann der dynamische Wert einzelner Arten (ob Pioniere oder Relikte) erst dann angegeben werden, wenn die betreffenden Pflanzengesellschaften genau bekannt und gut abgegrenzt sind. Das ist die unbedingt notwendige Grundlage für alle solche Arbeiten. Die Angabe, ob eine Art Pionier- oder Reliktcharakter besitzt, gilt des weiteren nicht absolut, sondern bezieht sich immer auf eine bestimmte Pflanzengesellschaft. Zum Beispiel ist die Rispensegge (*Carex paniculata*) in Röhrichtgesellschaften eine Pionierart, die die Bildung von Großseggen-Gesellschaften (Magnocaricion) einleitet. Im Erlenbruch hat diese Art dagegen Reliktcharakter.

Eine Reihe von zeitlich aufeinanderfolgenden, entwicklungsbedingten und sich gesetzmäßig ablösenden Pflanzengesellschaften wird als *Serie* oder *Entwicklungsreihe* bezeichnet. Eine solche umfaßt stets mehrere Teilabschnitte, sogenannte *Stadien.* Zumindest lassen sich innerhalb einer Serie ein Anfangsstadium, ein oder mehrere Übergangsstadien und ein Endstadium unterscheiden. Die Erlenbrüche sind zum Beispiel ein Stadium innerhalb der Seeverlandungs-Serie. Die Pflanzengesellschaft des Endstadiums wird auch als *Schlußgesellschaft* bezeichnet; sie zeigt unter den gegebenen Standortsverhältnissen keine merkliche Weiterentwicklung, da sie sich in einem biologischen Gleichgewicht befindet. Der Begriff „Schlußgesellschaft" bezieht sich genauso wie der des „Stadiums" auf die jeweilige Sukzession, nicht auf bestimmte pflanzensoziologisch-systematische Einheiten (etwa auf eine Assoziation oder dgl.).

Lassen sich jedoch innerhalb einer Pflanzengesellschaft von bestimmtem systematischem Rang — z. B. einer Assoziation — gewisse floristisch und ökologisch deutlich abgrenzbare Entwicklungsabschnitte feststellen, werden diese als *Phasen* bezeichnet. Meist unterscheidet man Initial-, Optimal- und Terminal-Phase. Die Terminalphase einer Assoziation kann manchmal mit der Initialphase der darauffolgenden zusammenfallen.

Die Ursachen für Sukzessionen können sehr verschiedener Art sein. Im großen und ganzen kann man sie nach dem Vorschlag von TANSLEY in zwei Gruppen zusammenfassen. Entwicklungen, deren Ursachen in der Pflanzendecke selbst liegen, werden als *autogene* Sukzessionen bezeichnet. Dazu gehören z. B. viele Sukzessionen bei der Verlandung von Seen. Entwicklungen, die dagegen durch äußere Einflüsse ausgelöst werden, bezeichnet man als *allogene* Sukzessionen (z. B. Entwicklungen, die durch Entwässerungen, Übersandungen, Bodenauswaschungen, menschliche Einflüsse usw. hervorgerufen werden).

Zur besseren Kennzeichnung der Art der betreffenden Sukzession werden öfters noch folgende Bezeichnungen verwendet: natürlich verlaufende Sukzessionen, die in der Regel von niedriger zu höher organisierten Pflanzengesellschaften führen, bezeichnet man als *primäre progressive Sukzessionen.* Bewirken tief in das Gefüge der Pflanzengesellschaft eingreifende Störungen eine „rückläufige" Entwicklung, spricht man von *regressiven Sukzessionen.* Setzt danach wieder eine Entwicklung zu höher organisierten Vegetationseinheiten ein, bezeichnet man diese als *sekundäre progressive Sukzession.* Diese kann u. U. sehr ähnlich verlaufen wie die primäre, kann aber auch recht weit von ihr abweichen, wenn inzwischen irreversible Standortsänderungen eingetreten sind.

Den entwicklungsgeschichtlichen Zusammenhang verschiedener Vegetationseinheiten können *Sukzessionsschemata* veranschaulichen, wie Abb. 6 ein solches für die Pflanzengesellschaften einer See-Verlandungsreihe wiedergibt. Derartige Schemata werden als zusätzliches Mittel zur Charakterisierung der Vegetation von den Vertretern verschiedener Schulen herangezogen, am meisten wohl von denen der BRAUN-BLANQUETschen Arbeitsrichtung. Sorgfältige Sukzessionsuntersuchungen können auch für die Praxis von großem Wert sein. So lassen sich damit z. B. die Auswirkungen meliorativer Maßnahmen meist recht genau vorhersagen usw.

Vegetationsgliederung nach der Klimaxvegetation. Die Ausarbeitung eines vollen dynamisch-genetischen Systems geht vor allem auf den Amerikaner CLEMENTS zurück.

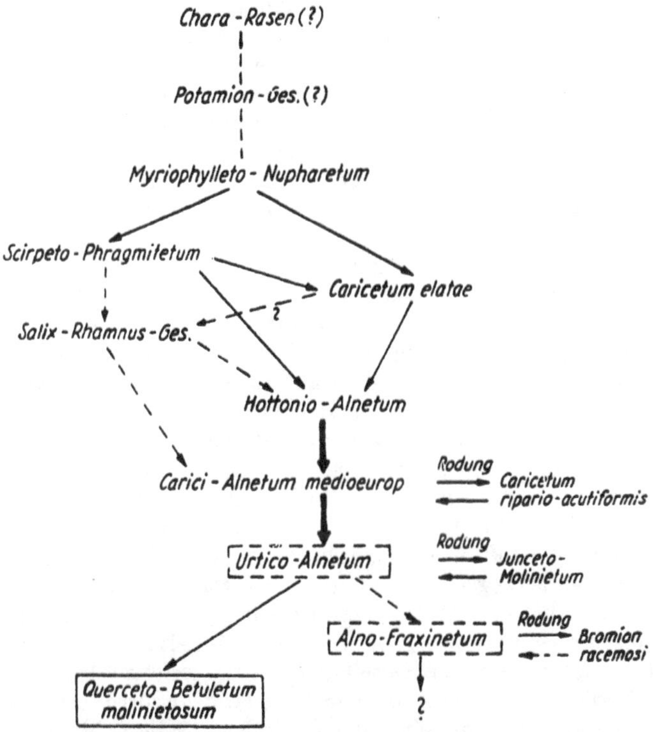

Abb. 6. Sukzessionsschema der See-Entwicklungsreihe des Darß. Ausgezogene Linien bedeuten gesicherte, unterbrochene Linien bedeuten vermutete Sukzessionen (aus FUKAREK, 1961)

Bei den von ihm ausgeschiedenen Vegetationseinheiten handelt es sich meist um Soziationen oder Konsoziationen. Ihre Gruppierung basiert auf einem hypothetischen Endstadium der Vegetation, das als *Klimax* bzw. *Klimaxvegetation* bezeichnet wird. Der Klimaxbegriff ist abgeleitet von „Klima". CLEMENTS behauptet, daß die Entwicklung der Vegetation zu einem lediglich vom Großklima abhängigen Endstadium führe, wobei er sich dieses Endstadium als eine mehr oder weniger eng begrenzte pflanzensoziologische Einheit vorstellt. Die Klimaxvegetation werde über verschiedene Entwicklungsserien gleichermaßen erreicht, z. B. sowohl über Hydroserien (d. h. Sukzessionen, die vom offenen Wasser oder von Naßböden ausgehen), als auch über Xeroserien (Entwicklungen, die vom nackten Gestein ausgehen) usw., sofern diesen Entwicklungen nur genügend Zeit zur Verfügung stände.

CLEMENTS hatte bei der Bildung des Klimaxbegriffes wohl den tropischen Regenwald als Beispiel vor Augen. Damals war man nämlich der Meinung, daß dieser in praktisch gleicher Ausbildung auf den verschiedensten Gesteinsunterlagen vorkomme, z. B. sowohl auf Kalk als auch auf Sandstein. Diese Auffassungen haben sich jedoch als irrig erwiesen. Es zeigte sich, daß es selbst in völlig unbeeinflußten tropischen Urwäldern durchaus entsprechende Vegetationsdifferenzierungen gibt. Noch viel weniger haltbar ist die CLEMENTSsche These, wonach alle Gesellschaften eines großklimatisch einheitlichen Gebietes, also sowohl die Gesellschaften des offenen Wassers wie die der Felsen und aller anderen Standorte, sich zu einer einzigen einheitlichen Schlußgesellschaft hin entwickeln sollen. Trotz vielfacher späterer Modifizierung durch Hilfshypothesen ist der Klimax ein sehr umstrittener Begriff geblieben. Immerhin haben die Vorstellungen von CLEMENTS sehr diskussionsfördernd gewirkt. Wird die Klimaxtheorie ihres hypothetischen Beiwerkes entkleidet und werden auch einige zu enge Fassungen vermieden, bleibt ein vernünftiger realer Kern übrig, der durchaus eine gewisse Ergänzung und Erweiterung der

Sukzessionslehre darstellt. Als solcher ist z. B. der jetzt von vielen Pflanzensoziologen verwendete Begriff der „*zonalen Vegetation*“ zu sehen; darunter versteht man eine Vegetationseinheit höheren Ranges (meist Ordnungen oder Klassen), die sich im Gleichgewicht mit den Bodenverhältnissen und den derzeitigen klimatischen Bedingungen eines größeren Gebietes befindet.

Vegetationsgliederung nach Entwicklungstypen. In etwas anderer Weise wendete der in Kärnten tätige Pflanzensoziologe E. Aichinger den Entwicklungsgedanken für die Gliederung der Vegetation an. Aichinger ermittelte zunächst auf Grund der Dominanz einzelner Arten Soziationen und Konsoziationen und betrachtete dann vor allem ihre Herkunft und ihre Entwicklungstendenz. Dafür sind besonders die aufbauenden und die abbauenden Arten von Bedeutung. Die Vegetationseinheiten werden von ihm als *Entwicklungstypen* bezeichnet, die durch drei Pflanzengesellschaften charakterisiert werden: durch die gegenwärtig vorhandene, die vorhergegangene und die voraussichtlich folgende. Dazu ein Beispiel. Ein „Ericetum carneae ↗ PINETUM silvestris pinosum nigrae ericetosum carneae ↗ Abieto-Fagetum piceetosum“ bedeutet einen gegenwärtigen schneeheidereichen Kiefernwald, der aus einem Schneeheidebestand hervorgegangen ist und sich zu einem fichtenreichen Buchen-Tannenwald entwickeln wird. Aufsteigende Pfeile bedeuten, daß die betreffende Vegetationseinheit aus einer progressiven Sukzession hervorgeht, absteigende, daß sie aus einer Degradation entstanden ist.

Die Methode Aichingers führt in Gebieten mit einer starken Dynamik, in denen der Verlauf der Vegetationsentwicklung mit Sicherheit bekannt ist, zu durchaus befriedigenden Resultaten. Wenn das auch für das Arbeitsgebiet Aichingers nicht in Abrede gestellt werden soll, so dürfte eine Übernahme für andere Gebiete — besonders für reliefarme — kaum zu empfehlen sein. Die Entwicklungstypen könnten allzu leicht einen spekulativen Charakter annehmen.

C. Spezialfragen der Vegetationsgliederung

Besonders unter dem Einfluß der Lehre von BRAUN-BLANQUET nahm die Pflanzensoziologie einen überaus raschen Aufschwung. Je weiter die Forschung vorwärtsschritt und je mehr sie in die Tiefe ging, desto deutlicher zeichneten sich neue Probleme ab, die eine Lösung verlangten. Über diese Spezialfragen könnte sehr vieles ausgeführt werden; um im Rahmen des vorgeschriebenen Umfanges zu bleiben, können wir lediglich einen Problemkreis erörtern, der in verschiedener Hinsicht von Bedeutung ist: nämlich die Frage Pflanzengesellschaft und menschlicher Einfluß.

Solange Menschen in größerer Zahl die Erde bewohnen, haben sie mehr oder weniger intensiv auf die Vegetation eingewirkt. Sowohl bei uns wie auch in den meisten Teilen Europas findet man heute nur noch sehr wenige Stellen, die unbeeinflußt vom Menschen geblieben sind. Die derzeitigen Vegetationsverhältnisse spiegeln daher eine lange und wechselvolle Entwicklung wider.

Nach dem letzten Rückzug des Eises vor etwa 18000–20000 Jahren entwickelte sich die Vegetation völlig natürlich und ungestört nach den Gesetzen der Sukzession, wobei jedoch außerdem klimatische Änderungen und die Einwanderung verschiedener Arten eine Rolle spielten. Wie die zahlreichen pollenanalytischen Untersuchungen zeigen, führte die Entwicklung im Laufe der Zeit zu einer Waldvegetation, die den weitaus größten Teil Mitteleuropas einnahm. Die Menschen, damals Sammler und Jäger und nur in kleinen Sippen lebend, übten wohl keinen nennenswerten Einfluß auf die Vegetationsverhältnisse aus. Diese Entwicklung reichte bis ins Neolithikum. Im Voll-Neolithikum erfolgte das Seßhaft-Werden des Menschen, der Beginn des Ackerbaues und der Viehhaltung. Der Zeitpunkt hierfür ist landschaftlich verschieden; er liegt etwa zwischen 4000 und 2000 u. Z. Zu dieser Zeit begann die stärkere (direkte oder indirekte) Einwirkung auf den Wald (Rodungen, Waldweide usw.); der Einfluß war aber auf bestimmte Gebiete beschränkt, da der neolithische Mensch in seiner noch sehr starken Naturabhängigkeit gezwungen war, bestimmte Umweltverhältnisse aufzusuchen. So finden wir seine Niederlassungen vor allem in den trockensten und wärmsten Gebieten mit fruchtbaren Böden, in erreichbarer Nähe von Trinkwasser usw. In diesen „Altsiedlungsgebieten" (Teile von Südwestdeutschland, mitteldeutsches Trockengebiet usw.) wurde die Vegetation alsbald recht erheblich verändert. Die Siedlungsgebiete erfuhren eine allmähliche Vergrößerung, blieben aber im großen und ganzen auf bestimmte Landschaften beschränkt. Um die Zeitwende dürfte in Mitteleuropa der Wald immer noch etwa 70–75% der Gesamtfläche eingenommen haben. Bereits damals gab es schon waldarme Gebiete, doch waren Bereiche ungestörter Vegetation sicher noch genügend vorhanden.

Im Süden und Südwesten Deutschlands erfolgten stärkere Eingriffe in die Vegetation dann in der Römerzeit und vor allem in der Karolingerzeit (um 800). In letzterer erfuhr auch das Gebiet jenseits des Limes einen beträchtlichen Waldrückgang. Im Norden (Mecklenburg usw.) beginnt dagegen die Zeit starker menschlicher Eingriffe erst etwa um 1100. Bis dahin gab es dort noch große Partien ungestörter Vegetation. Während des ganzen übrigen Mittelalters griff man fast allerorts sehr stark in die Vegetation ein, wobei auch indirekten Einflüssen wie der Waldweide eine nicht zu unterschätzende Bedeutung zukommt. Bis in die Gegenwart nahm der menschliche Einfluß auf die Vegetation im allgemeinen stetig zu.

Heute liegt die Waldfläche in Deutschland bei rund 25%; auf Grund der natürlichen Gegebenheiten müßte man jedoch eine Waldbedeckung von weit über 90% annehmen. Von Natur aus waldfrei wären nur einige Sümpfe, Moore und Felskuppen, einige kleinere Wiesenpartien in den Auen und im Küstengebiet die Dünen und Salzwiesen.

Der menschliche Einfluß bewirkte nicht nur einen Rückgang des Waldes – in dieser Hinsicht äußert sich der Einfluß vielleicht nur am augenscheinlichsten –, sondern er hatte zweifellos auch Auswirkungen auf die Artenzusammensetzung vieler Pflanzengesellschaften. Dazu kommt noch, daß die Eingriffe in das Vegetationsgefüge oft nicht nur die Pflanzengesellschaften, sondern auch die Standorte z. T. irreversibel veränderten. Die Kenntnis dieser Vorgänge ist für die Beurteilung vieler Pflanzengesellschaften von großer Bedeutung. Zu ihrer Kennzeichnung wurden einige Begriffe entwickelt, auf die im folgenden eingegangen sei.

Die Vegetation, die sich herausbildete, *bevor* der Mensch überhaupt umgestaltend eingriff, bezeichnet man als *ursprüngliche Vegetation*. Eine solche herrschte zumindest bis zum Neolithikum vor. Sie war zugleich eine *natürliche* Vegetation, die vornehmlich aus natürlichen Waldgesellschaften bestand. Für diese Zeit sind die Begriffe „natürlich“ und „ursprünglich“ gleichbedeutend. Da diese Vegetation sich auch in Übereinstimmung mit den Standortsverhältnissen befand, d. h. das Standortspotential widerspiegelte, war sie gleichermaßen eine (frühere) *potentielle natürliche Vegetation*. Die Landschaften jener Zeit bezeichnet man dementsprechend als *Urlandschaften*. Deren Vegetation muß man mit historischen Methoden ermitteln, also *re*konstruieren.

Das, was wir heute vorfinden, ist die *reale* oder *aktuelle Vegetation*. Nur in seltenen Fällen ist sie zugleich eine „aktuelle *natürliche* Vegetation", da es, wie gesagt, nur noch wenige Stellen ohne menschlichen Einfluß gibt. Eine aktuelle natürliche Vegetation stellen z. B. einige Wasserpflanzen- und Röhrichtgesellschaften dar, man findet sie z. T. noch in Mooren, in nicht entwässerten Erlenbrüchen usw.

Verschwände der menschliche Einfluß, so würden weiterhin nur die Naturfaktoren einwirken, und es entstände bald wieder eine „natürliche" Vegetation. Diese wäre jedoch meist eine andere als die „ursprüngliche", da gewisse irreversible Standortsänderungen, die durch den vorhergehenden menschlichen Einfluß erzeugt wurden, sich weiterhin auswirken. Solche Vorgänge lassen sich z. T. in Naturschutzgebieten studieren. Man kann aber, von der aktuellen Vegetation ausgehend, eine solche natürliche Vegetation, die sich bei Aufhören des menschlichen Einflusses einstellen würde, auch gedanklich ermitteln, d. h. konstruieren. Man überlegt sich also, welche natürliche (Wald-)Gesellschaft an einer bestimmten Stelle auf Grund des jetzt vorhandenen Standortspotentials wachsen würde. Diesen — in den meisten Fällen nur gedachten Zustand — bezeichnet man als *potentielle natürliche Vegetation*.

Der Unterschied zwischen „ursprünglicher" (natürlicher) und potentieller natürlicher Vegetation sei an zwei Beispielen erläutert. Wie Tüxen gezeigt hat, war die ursprüngliche Vegetation im Weser- und Leinetal ein Weiden- und Eichenauwald, der auf regelmäßig überschwemmtem Sand und Kies wuchs. Durch menschliche Einwirkung am Oberlauf dieser Flüsse erhöhte sich der Sinkstoffgehalt, und es bildeten sich Aulehmdecken. Die heutige potentielle natürliche Vegetation wäre im großen und ganzen ein Eschen-Ulmen-Auwald, da dieser die entsprechende Vegetationsform auf den mehrere Meter mächtigen Aulehmdecken darstellt. — Im mitteldeutschen Triashügelland waren einst auch die nicht zu steil aufgerichteten Sättel mit Löß überkleidet, was sich noch heute an Resten nachweisen läßt. Die ursprüngliche Vegetation bildete dort ein artenreicher Eichen-Hainbuchen-Linden-Mischwald. Nach der Rodung des Waldes wurde der Löß von den Kuppen allmählich abgetragen, und heute finden sich dort flachgründige Gesteinsböden in ackerbaulicher Nutzung. Sofern Muschelkalk zutage tritt, würde die heutige potentielle natürliche Vegetation ein „Steppenheidewald" (*Lithospermo-Quercetum*) sein. Auch die Vegetation der Talsohlen wäre infolge der Bedeckung mit dichtgelagertem Schwemmlöß eine andere als früher.

In beiden Beispielen ist im Gegensatz zur früheren natürlichen Vegetation die heutige potentielle natürliche Vegetation bisher nie real vorhanden gewesen, sondern kann nur erschlossen werden. Selbstverständlich beruht die gedankliche Konstruktion der potentiellen natürlichen Vegetation auf eingehenden pflanzensoziologisch-standörtlichen Vergleichen. Nur dann, wenn keine irreversiblen Standortsänderungen stattgefunden haben, kann eine heutige potentielle natürliche Vegetation mit einer früheren natürlichen Vegetation gleichgesetzt werden. Allerdings gilt auch hier generell die Einschränkung, daß der frühere Zustand nicht allzuweit zurückliegen darf, da sonst der Einfluß von Großklimaänderungen eine Gleichsetzung verbietet. Die Ermittlung der natürlichen potentiellen Vegetation ist keineswegs als gedankliche Spielerei zu betrachten. Sie liefert vielmehr ein grundlegendes Kriterium für die Beurteilung der derzeitigen Produktionskraft eines Standortes, die wiederum die Basis für alle biologisch-wirtschaftlichen Maßnahmen darstellt.

Wir sagten bereits, daß gegenwärtig bei uns nur in recht geringem Ausmaß noch eine natürliche oder wenigstens naturnahe Vegetation vorhanden ist. Die meisten Pflanzengesellschaften sind menschlich beeinflußt bzw.

sie gehen auf die mittelbare oder unmittelbare Tätigkeit des Menschen zurück. Zwischen noch weitgehend naturnahen bis zu völlig künstlichen Pflanzengesellschaften gibt es eine nahezu lückenlose Skala. Solche Pflanzengesellschaften, die aus natürlichen Gesellschaften im Gefolge des menschlichen Einwirkens hervorgegangen sind, bezeichnet man ganz allgemein als *Ersatzgesellschaften*. Auch diese spiegeln in gewisser Weise das Standortspotential wider. Je stärker sie abgeleitet, d. h. vom natürlichen Zustand entfernt sind, desto geringer ist jedoch ihre diesbezügliche Aussagekraft.

Ersatzgesellschaften können in sehr verschiedener Weise ausgebildet sein. Die natürliche Vegetation wird bei uns in erster Linie durch Waldgesellschaften verkörpert. Diese sind zu einem erheblichen Teil in Wiesen und Äcker umgewandelt worden und tragen jetzt Grünland- bzw. Ackerunkrautgesellschaften. In der Nähe von Siedlungen sind Ruderalgesellschaften entstanden usw. Aber auch die natürlichen Waldgesellschaften wurden mehr oder weniger verändert und weisen jetzt oft eine von jenen abweichende Zusammensetzung auf: Sie wurden in Forstgesellschaften überführt.

Der Begriff der *Forstgesellschaft* kam erst um 1950 auf. Anfangs verstand man darunter nur solche Gesellschaften, „bei denen eine künstlich verursachte Dominanz gesellschaftsfremder Holzarten vorliegt, das Gesellschaftsgefüge ± labil ist und denen eigene Kennarten fehlen" (MEISEL-JAHN 1955, S. 14). Es zeigte sich später, daß diese Konzeption zu eng ist und nur für die besonders stark abgeleiteten Forstgesellschaften, die reinen „Kunstforsten", zutrifft. Man dürfte sie daher besser definieren als Pflanzengesellschaften, die zumindest in der Baumschicht durch direkte oder indirekte menschliche Einwirkungen gegenüber der natürlichen Waldgesellschaft deutlich verändert sind und bei denen je nach Art der Einwirkung auch die kennzeichnende Artenverbindung der übrigen Schichten ± stark verändert sein bzw. ganz verloren gehen kann. Die Anpflanzung von Holzarten ist nur *eine* Möglichkeit, Forstgesellschaften zu bilden; auch durch Waldweide, Streunutzung, Niederwaldwirtschaft usw. können solche entstehen.

Eine Übereinstimmung darüber, wie weit oder wie eng der Begriff der Forstgesellschaft zweckmäßigerweise zu fassen ist, besteht noch nicht. Dazu sind diese Fragen noch zu sehr im Fluß. Sicher ist aber, daß eine Umwandlung einer natürlichen Waldgesellschaft zu einer Forstgesellschaft um so schneller und tiefgreifender vor sich gehen wird, je mehr gesellschaftseigene Holzarten durch gesellschaftsfremde ersetzt werden. Es hat sich ferner gezeigt, daß die Intensität der Umwandlung auch vom Potential des Standortes abhängt. Als grobe Regel kann gelten: Je reicher die Standorte, desto widerstandsfähiger gegen Eingriffe sind sie.

Zu den Ersatzgesellschaften ist weiterhin auch ein großer Teil der *Gebüschgesellschaften* zu zählen. Gebüschgesellschaften gibt es zwar auch in der vom Menschen unbeeinflußten Vegetation; sie beschränken sich dort auf natürliche Waldränder. Da solche in unserem Gebiet nur in sehr geringem Maße vorkamen — z. B. an Seen, Sümpfen, Mooren oder an einigen besonders exponierten Stellen, wie an Felsköpfen, Steilhängen u. dgl. — waren auch Gebüschgesellschaften in der Urlandschaft nur in ganz geringem Ausmaß entwickelt. Eine großflächige Verbreitung haben Gebüschgesellschaften im Rahmen der ursprünglichen Vegetation nur dort, wo der Wald in breiten Auflockerungszonen in waldlose Gesellschaften übergeht: so im Grenzgebiet Wald-Steppe, Wald-Tundra usw. Hier stehen die Gehölze an der Grenze ihrer Existenzmöglichkeit, und es genügt schon eine geringe Überschreitung des Schwellenwertes, um sie für geraume Zeit zu vertreiben und langlebige Gebüschgesellschaften an Stelle des Waldes treten zu lassen. Solche Schwellenwerte können hervorgerufen werden z. B. durch Jahre extremer Trockenheit, durch Brände usw. Für die mitteleuropäische Urlandschaft spielen diese Dinge jedoch kaum eine Rolle; hier waren Gebüschgesellschaften vornehmlich auf die wenigen Waldränder beschränkt. Sie bilden hier den Bestandesmantel, wie man sagt. Daher bezeichnet man sie auch als *Mantelgesellschaften*. Dieser Terminus kennzeichnet demnach einen Spezialfall einer Gebüschgesellschaft hinsichtlich der Lokalisierung.

Durch den menschlichen Einfluß sind Waldränder sehr viel häufiger geworden, und damit erfuhren auch die Mantelgesellschaften eine starke Verbreitung. Auf extremen Standorten, die gegen Eingriffe empfindlicher sind, konnten sie sich z. T. auch flächenmäßig erheblich ausbreiten oder in andere Pflanzengesellschaften eindringen. Die besonders auf flachgründigen Muschelkalkböden verbreiteten Gebüschgesellschaften sind nichts anderes als flächig entwickelte Mantelgesellschaften nach Walddegradierung.

Nicht alle natürlichen Waldgesellschaften besitzen von Natur aus Mantelgesellschaften. Diese gibt es vor allem im Bereich der artenreichen Laubmischwälder auf basenreichen Böden (z. B. Eschen-Buchen-, Eichen-Hainbuchen-, Buchen-Tannen-Mischwälder usw.). Die meisten Waldgesellschaften armer Standorte (saure Buchenwälder, Eichen-Birkenwälder, alle Nadelwälder) sowie die Erlenbrüche haben so gut wie keine Mantelgesellschaften. Daraus ergeben sich z. B. wichtige Hinweise für die Anlage von Windschutzpflanzungen. In Gebieten, die als potentielle natürliche Vegetation solche Waldgesellschaften haben, die von Natur aus keine Mantelgesellschaften ausbilden, ist die Anlage von Windschutzpflanzungen sehr schwer und schlägt oft fehl, wenn man die Standorte nicht entsprechend verbessert.

Ersatzgesellschaften verschiedenen Grades sind schließlich auch die Grünlandgesellschaften, Trockenrasengesellschaften, Ackerunkrautgesellschaften, Ruderalgesellschaften usw. Die beiden erstgenannten sind zwar ebenso wie die Gebüschgesellschaften Bestandteil der Urlandschaft, sie erfuhren jedoch wie jene erst durch den Menschen ihre weite Verbreitung.

Wie ermittelt man nun die „Ausgangsgesellschaft“, d. h. die natürliche Waldgesellschaft, von der sich die Ersatzgesellschaften herleiten? Die wichtigste Methode ist der räumliche Vergleich, d. h. das Studium der *Kontaktgesellschaften*. Unter diesem Begriff versteht man alle Pflanzengesellschaften unabhängig von ihrem Rang, die auf gleichen Standorten aneinandergrenzen, mithin in Kontakt stehen. Man untersucht also, welche Ersatzgesellschaften an eine bestimmte natürliche oder naturnahe Waldgesellschaft angrenzen. Selbstverständlich genügt nicht nur die Feststellung des bloßen Kontaktes. Man muß in jedem Falle den Nachweis einer Standortsgleichheit führen, was im allgemeinen durch bodenkundliche Untersuchungen geschieht. Die Grenze zwischen einem Wald und einer Wiese kann ja ohne weiteres einer Standortsgrenze entsprechen. Solche Parallelisierungen erfordern sehr viel Sorgfalt, aber auch ein großes Maß an Erfahrung.

Es zeigte sich, daß die Ersatzgesellschaften u. U. eine feinere Standortsdifferenzierung wiedergeben als die natürlichen Waldgesellschaften, vor allem deshalb, weil geringere Standortsunterschiede infolge der ausgleichenden Wirkung des Bestandesklimas eines Waldes keine floristisch faßbare Differenzierung hervorrufen. Dies gilt jedoch nur für solche Ersatzgesellschaften, die nicht allzu stark abgeleitet sind. Bei sehr stark abgeleiteten überwiegt dagegen der menschliche (oder tierische) Einfluß wiederum so sehr, daß Standortsunterschiede keinen entsprechenden floristischen Ausdruck finden. Diese Nivellierung kann bewirken, daß etliche verschiedene natürliche Waldgesellschaften ein und dieselbe Ersatzgesellschaft haben. Es hat sich weiterhin gezeigt, daß keineswegs irgendwelche beliebigen Ersatzgesellschaften untereinander bzw. mit einer bestimmten natürlichen Waldgesellschaft in Kontakt treten, sondern daß solchen Kombinationen durchaus Gesetzmäßigkeiten zugrunde liegen. Die Kombinationsmöglichkeit ist also keineswegs unbegrenzt. Mit anderen Worten: aus jeder bestimmten Waldgesellschaft geht nur eine bestimmte Skala von Ersatzgesellschaften hervor. Eine solche Gruppe von Pflanzengesellschaften kann man als *syndynamische Gesellschaftskette* oder als *Vegetationskomplex* bezeichnen.

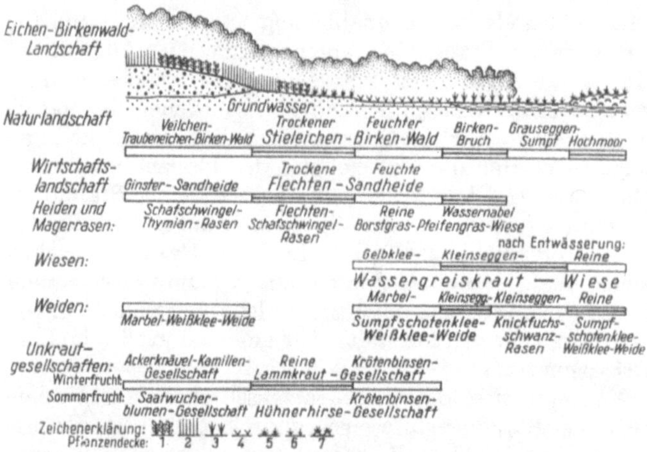

Abb. 7. Gesellschaftskomplex einer nordwestdeutschen Eichen-Birkenwald-Landschaft. 1 Sommerfrucht, 2 Winterfrucht, 3 Mähwiesen, 4 Weiden, 5 Trockenrasen, 6 Kleinseggen-Flachmoor, 7 Hochmoor (nach Preising, 1954, vereinfacht)

In einigen Gebieten ist es bereits gelungen, für bestimmte Landschaftstypen ein Gesamtinventar der natürlichen und der Ersatzgesellschaften zu geben. Als Beispiel bringen wir eine schematische Darstellung von Preising (1954) (Abb. 7). Daß derartige Untersuchungen von hohem Wert für die Kenntnis der Beziehungen zwischen den verschiedenen Pflanzengesellschaften sind und darüber hinaus eine eingehende vegetationskundliche Kennzeichnung des Standortspotentials gestatten, liegt auf der Hand. In den meisten Gebieten steht in dieser Hinsicht jedoch noch ein weites Arbeitsfeld offen.

Die Erforschung der Ersatzgesellschaften verschiedenen Grades wirft auch einige Fragen soziologisch-systematischer Art auf, die hier nur angedeutet seien. Wir wollen vorwegschicken, daß die Erarbeitung der erwähnten Probleme vor allem auf Vertreter der BRAUN-BLANQUETschen Arbeitsrichtung zurückgeht.

Das pflanzensoziologische System von BRAUN-BLANQUET basiert, wie wir sahen, nur auf dem floristischen Vergleich. Ob eine Pflanzengesellschaft zur natürlichen Vegetation gehört oder eine verschieden stark abgeleitete Ersatzgesellschaft darstellt, spielt hierbei keine Rolle. Wenn man jedoch versucht, auch alle Pflanzengesellschaften, die in der verschiedensten Hinsicht abgeändert sind, in ein System zu bringen, muß dieses zwangsmäßig sehr belastet werden und an Übersichtlichkeit verlieren. Man könnte es daher für besser halten, für das *Gerippe* des Systems — d. h. besonders für die Herausarbeitung der höheren Einheiten — vor allem die unbeeinflußten Gesellschaften zu verwenden und die menschlich bedingten Ausbildungsformen nur auf diese zu beziehen. Dieser Gedanke läßt sich selbstverständlich nicht bei allen Gesellschaftsgruppen durchführen, da einige ja nur aus Ersatzgesellschaften bestehen. Es wäre jedoch zu prüfen, ob hier nicht ein System, das sich auf Gesellschaften eines verhältnismäßig *einheitlichen* Ersatzgrades gründet, gewisse Vorteile brächte.

IV. Synchorologie (Verbreitung der Pflanzengesellschaften)

Die Fragen, die mit der Verbreitung der Pflanzengesellschaften zusammenhängen, werden zu dem Bereich der *Synchorologie* gerechnet. Dazu gehören vor allem die Untersuchung der flächenmäßigen Verbreitung der Pflanzengesellschaften in den einzelnen Gebi.ten, die Untersuchung der vertikalen Verbreitung (Höhenzonierungen aller Art) sowie die Untersuchung der Gesamtverbreitung bestimmter Pflanzengesellschaften. Diese Fragen werden jedoch meist im Zusammenhang mit anderen pflanzensoziologischen Untersuchungen, z. B. der Darstellung und Systematisierung der Pflanzengesellschaften bearbeitet und tragen mehr den Charakter einer Ergänzung. Bis jetzt stellt die Synchorologie noch kein eigentliches Spezialgebiet dar.

1. Vegetationskartierung

Die Hauptmethode, die flächenmäßige Verbreitung der Pflanzengesellschaften zu ermitteln, ist die *Vegetationskartierung*. Der Wert, den sie in verschiedenster Hinsicht besitzt, rechtfertigt den meist sehr erheblichen Zeitaufwand, den besonders die Bearbeitung großmaßstäblicher Karten erfordert. Der größte Vorteil von Kartierungen dürfte in dem Zwang zur Vollständigkeit zu erblicken sein. Das gilt nicht nur für die Kenntnis des Geländes, sondern auch für die der Pflanzengesellschaften; man lernt ihre Variationsbreite viel besser kennen, kann prüfen, ob die ausgeschiedenen Einheiten wirklich den Verhältnissen in der Natur gerecht werden usw. Die Erfahrung zeigt, daß bei pflanzensoziologischen Arbeiten, die mit Kartierungen verbunden sind, auch die Umgrenzung der Vegetationseinheiten meist besser erfolgt als bei bloßen Beschreibungen. Großen Wert haben Kartierungen auch für das Erkennen von Gesellschaftskomplexen, von Kontaktgesellschaften und anderen Fragen, die im vorigen Abschnitt behandelt sind. Darüber hinaus haben Vegetationskarten oft auch dokumentarischen Wert für die Feststellung von Sukzessionen usw. Für viele Fragen der praktischen Auswertung sind genaue Vegetationskarten geradezu unentbehrlich; ein nicht geringer Teil entsteht sogar mit unmittelbar praktischer Zielsetzung. Voraussetzung für jede Vegetationskartierung ist selbstverständlich eine klare Ausscheidung der betreffenden Pflanzengesellschaften.

Für die *inhaltliche Seite* der Darstellung bestehen im wesentlichen zwei Möglichkeiten: Man kann die gegenwärtig vorhandene, d. h. die *aktuelle Vegetation* darstellen oder die *potentielle natürliche Vegetation.* Es werden nicht selten auch Kombinationen dieser beiden Möglichkeiten vorgenommen etwa der Art, daß im Prinzip die aktuelle Vegetation zur Darstellung gelangt, jedoch kleinere Wirtschaftsvarianten unterdrückt werden. Welche der beiden Darstellungsmöglichkeiten man wählt, hängt u. a. auch weitgehend vom Maßstab ab.

Karten *großen Maßstabes* (etwa 1:2000 bis 1:25000) umfassen stets nur kleine Gebiete; in diesen Fällen wird in der Regel die gegenwärtig vorhandene Vegetation Gegenstand der Kartierung sein. Für unmittelbar praktische Zwecke ist dabei der Maßstab 1:10000 als obere Grenze anzusehen. Karten im Maßstab 1:20000 oder 1:25000 werden mehr bei vorwiegend wissenschaftlichen Zielsetzungen angewendet.

Auf Karten *kleineren Maßstabes*, etwa 1:100000 bis 1:1 Mill., gelangt dagegen im allgemeinen die natürliche oder die potentielle natürliche Vegetation zur Darstellung. Derartige Karten, die im wesentlichen Karten der natürlichen Waldgesellschaften sind, haben Übersichtscharakter und umfassen im allgemeinen große Gebiete. Als Beispiele für diesen Kartentyp seien die „Karte der natürlichen Vegetation der DDR“ von SCAMONI u. Mitarb., die „Karte der natürlichen Vegetation von Mecklenburg“ von BOCHNIG und FUKAREK oder die Karten von HUECK (1936, 1943) genannt. Ein ausführlicheres Eingehen auf die Methodik sowohl der Kartierung als auch der Kartendarstellung würde den Rahmen dieser Arbeit überschreiten. Es mag genügen, hier lediglich die Frage der *Farbenwahl* zu erwähnen.

Anfänglich glaubte man, nahezu für jede Pflanzengesellschaft eine bestimmte Farbe bzw. Signatur festlegen zu können. Sehr weitgehend detaillierte Vorschläge dieser Art stammen z. B. von TÜXEN (1937). Es zeigte sich jedoch, daß gerade bei lokalen Bearbeitungen (d. h. bei Karten der aktuellen Vegetation) eine von vornherein festliegende Farbgebung oft unzweckmäßig ist. Nicht selten kommen im Kartierungsbereich nur einige wenige Assoziationen vor, die aber u. U. sehr vielfältig in Untereinheiten aufzugliedern sind. Bei solchen Karten könnte man dann nur mit wenigen Grundfarben arbeiten, müßte diese aber durch Auf-Signaturen oder durch Farbabstufungen variieren, was einmal zu ungünstigen Kartenbildern führen, zum anderen aber auch die drucktechnischen Möglichkeiten überschreiten kann. Daher geht man jetzt meist so vor, daß man bei derartigen Karten die gesamte Farbenskala ausnutzt. Allerdings wird man sich nach Möglichkeit an gewisse Regeln anlehnen. Allgemein gilt: je feuchter der Standort, desto dunkler und ins Blaue gehend, je trockener, desto heller und über Orange bis ins Rot gehend sind die Farben. Weiterhin hat sich eingebürgert, die Assoziationen durch eine Grundfarbe, deren Untereinheiten oder gewisse Abwandlungsformen (z. B. den Assoziationen zuordnungsbare Forstgesellschaften) durch Auf-Signaturen zu kennzeichnen.

Bei Übersichtskarten (Karten der potentiellen natürlichen Vegetation) hat sich dagegen eine einigermaßen einheitliche Farbgebung herausgebildet. Bei uns verwendet man üblicherweise Blau für Waldgesellschaften nasser oder feuchter Standorte, d. h. für Erlen-, Erlen-Eschenwälder u. dgl., Sattgrün für reichere, Hellgrün für arme (saure) Buchen- und Buchenmischwälder, Hellbraun für Eichen-Birkenwälder, Dunkelbraun für Kiefernwälder, Rot für xerotherme Waldgesellschaften („Steppenheidewälder") und auch für Moore usw.

Die Farbwahl im einzelnen hängt noch von anderen Faktoren ab: so von der Abstimmung mit der gesamten Farbwirkung der Karte, von der Forderung nach einem übersichtlichen Kartenbild usw.

2. *Höhenstufung der Vegetation*

Wenn wir einleitend unter den Aufgaben der Synchorologie die Untersuchung der flächenmäßigen Verbreitung der Pflanzengesellschaften und die der vertikalen Verbreitung genannt haben, so ist aus dieser getrennten Anführung nicht etwa eine inhaltliche Trennung abzuleiten. Das Studium der Verbreitungsverhältnisse der Pflanzengesellschaften erstreckt sich selbstverständlich sowohl in horizontaler als auch in vertikaler Richtung. Welche der beiden mehr in den Vordergrund der Darstellung gerückt wird, hängt in erster Linie von der Art des Untersuchungsgebietes ab. Daß man in alpinen Gebieten besonders der vertikalen Verbreitung, d. h. der Höhenstufung, Aufmerksamkeit schenken wird, in Flachlandgebieten dagegen mehr der horizontalen, bedarf wohl keiner näheren Erklärung. Beide Verbreitungsrichtungen sind nicht prinzipiell verschieden, da ihnen z. T. gleichsinnige Veränderungen eines Standortsfaktors zugrundeliegen. Das geht auch aus bekannten arealkundlichen Bezeichnungen hervor, wie boreal-montan, arktisch-alpin, südeuropäisch-montan—mitteleuropäisch usw. Eine Höhenstufung (Etagierung) der Vegetation in einem Gebiet kann in einem anderen durchaus einer zonalen Gürtelung entsprechen oder umgekehrt. Höhenstufungen brauchen auch keineswegs nur in Form der seit langem bekannten Groß-Etagierungen (planare, colline, montane, alpine usw. Stufe) ausgebildet zu sein, sie können sich u. U. auch in recht subtiler Weise widerspiegeln. Man denke nur an die Höhenstufenumkehr in Frostlöchern oder an die Feinetagierung bei unserem Salzwiesenbeispiel.

Vegetationskarten vermögen Höhenstufungen — ganz besonders, wenn es sich um kleinere Etagierungen handelt — oft nicht deutlich genug wiederzugeben. Die Anwendung von Höhenschichtlinien oder gar Schraffen ist bei pflanzensoziologischen Karten nur in äußerst beschränktem Umfang, oft überhaupt nicht möglich, die Anwendung von Farben für bestimmte Höhenschichten verbietet sich von selbst. Zur Darstellung von Etagierungen wählt man daher meist *Vegetationsprofile* (Abb. 8). Waldgesellschaften werden hierbei durch eine Signatur der vorherrschenden Holzart symbolisiert. Die gebräuch-

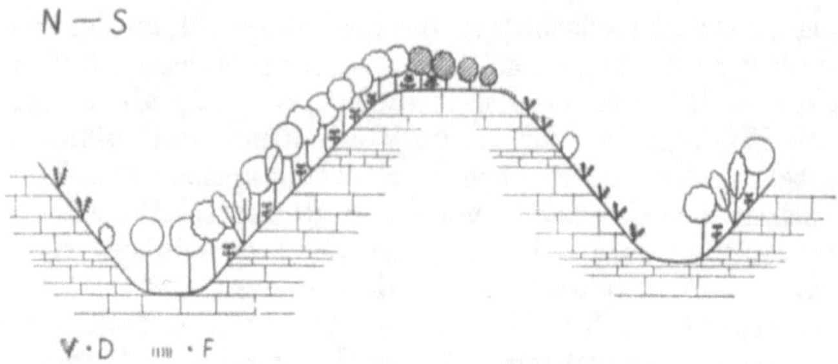

Abb. 8. Vegetationsprofil aus dem Unterunstrut-Gebiet. Baumsignaturen wie in Abb. 9; Eiche mit Schraffur = Stieleiche, ohne Schraffur = Traubeneiche; D Dornstrauchflur, F Felsheide (aus FUKAREK, 1951)

lichsten Zeichen sind in Abb. 9 wiedergegeben. Außerdem werden auch vielfach Signaturen für einzelne besonders kennzeichnende Arten der Krautschicht verwendet.

Gut durchgearbeitete Vegetationsprofile sind sehr anschaulich und stellen eine wertvolle Ergänzung zu Vegetationskarten dar. Sie sind besonders geeignet, z. B. die Beziehungen zwischen Pflanzengesellschaften und geologischem Untergrund aufzuzeigen.

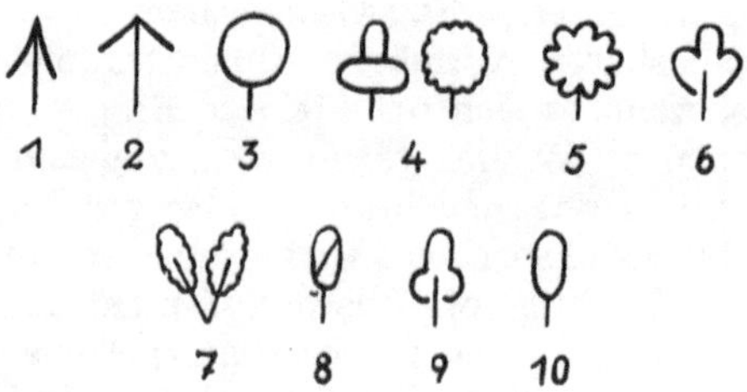

Abb. 9. Die wichtigsten Holzarten-Signaturen. 1 Fichte, 2 Kiefer, 3 Buche, 4 Eiche, 5 Ahorn, 6 Esche, 7 Linde, 8 Hainbuche, 9 Birke, 10 Erle (nach RÜBEL, MEUSEL u. a.)

3. Gesellschaftsareal

Die kartographische Darstellung der Verbreitung einzelner Pflanzengesellschaften wird z. T. auch als Synchorologie im engeren Sinne bezeichnet. Im allgemeinen

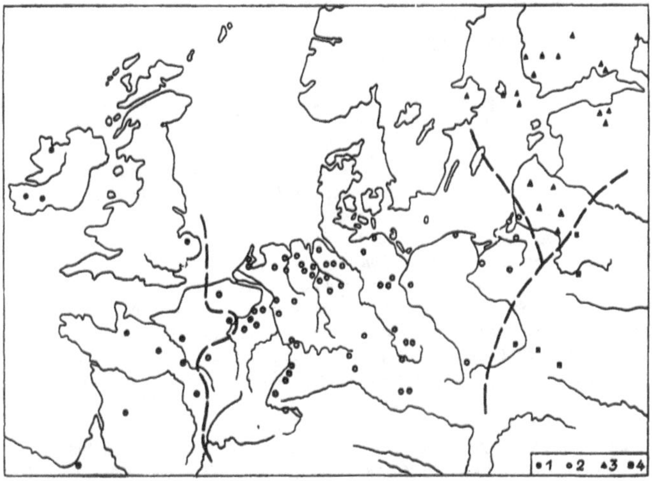

Abb. 10. Arealkarte von 4 Alnion-Assoziationen (Erlenbruch-Gesellschaften) in Europa. 1 Carici laevigatae-Alnetum, 2 Carici elongatae-Alnetum medioeuropaeum, 3 Carici elongatae-Alnetum boreale, 4 Dryoptero cristatae-Alnetum (nach BODEUX, 1955)

bezieht sich die Darstellung auf Assoziationen und Verbände. Unsere Kenntnisse der Gesellschaftsareale sind gegenwärtig noch recht gering. Die vorhandenen Karten haben oft mehr den Charakter von Entwürfen. Sie sind, wie auch unser Beispiel in Abb. 10 zeigt, meist als Punktkarten dargestellt. Immerhin lassen sich auch aus diesen gewisse Rückschlüsse auf Entstehung, Ökologie usw. der Gesellschaften ziehen. Der Wert solcher Karten wäre jedoch ungleich höher, wenn es gelänge, z. B. das Vorkommen der betreffenden Pflanzengesellschaft in etagaler Hinsicht oder auf bestimmten Sonderstandorten (z. B.

Beschränkung auf gewisse Hangrichtung, Gesteinsunterlagen) darzustellen. Dazu reicht aber das z. Zt. vorhandene Material noch kaum aus.

V. Überblick über die wichtigsten Pflanzengesellschaften

Während der etwa 40jährigen Entwicklung der modernen Pflanzensoziologie sind eine sehr große Zahl von Vegetationseinheiten beschrieben worden. In diesem Abschnitt wollen wir versuchen, einen Überblick über die wichtigsten Pflanzengesellschaften zu geben. Wir beschränken uns dabei auf die höheren Vegetationseinheiten, d. h. die Verbände, Ordnungen und Klassen; Assoziationen oder gar noch kleinere Einheiten bleiben im allgemeinen außerhalb der Betrachtung. Die Darstellung verfolgt weder das Ziel der Vollständigkeit, noch ist beabsichtigt, die erwähnten Einheiten durch Angabe ihrer Artengarnitur zu kennzeichnen. Wir wollen vielmehr nur eine allgemeine Charakteristik geben, gewisse Beziehungen und auch den Stand unserer Kenntnisse aufzuzeigen versuchen. Die Angaben beziehen sich nicht auf ein geographisch genau umgrenztes Gebiet oder ein Gebiet innerhalb bestimmter politischer Grenzen. Im großen und ganzen bezieht sich die Darstellung auf Mitteleuropa unter Ausschluß der alpinen Gebiete. Daß die Vegetationsverhältnisse unseres Vaterlandes und seiner Nachbargebiete dabei stärker berücksichtigt werden, dürfte verständlich sein.

Zur Frage der Anordnung der höchsten pflanzensoziologischen Einheiten, der Klassen, wurde bereits auf S. 72 einiges ausgeführt. Wenn man streng nach dem Prinzip der soziologischen Progression vorgeht, muß man an den Anfang die einschichtigen Kryptogamen- und Pioniergesellschaften stellen (Algen-, Flechten-Moosgesellschaften, *Lemnetea*, *Zosteretea*, *Ruppietea*, *Salicornietea*, *Asplenietea*, *Corynephoretea*), obwohl diese Klassen untereinander sonst kaum etwas gemeinsam haben. Überdies bliebe deren genaue Reihenfolge doch nur eine Frage des Ermessens. Wir ziehen es daher vor, die Anordnung der Klassen nach gewissen — grob gefaßten — ökologischen Reihen vorzunehmen. An den Anfang stellen wir diejenigen Wasserpflanzengesellschaften, die so gut wie keinen Anschluß an andere in entwicklungsmäßiger Hinsicht haben (*Lemnetea* usw.); auf diese lassen wir die Gesellschaften der übrigen „Süßwasserreihe" folgen (*Charetea* bis *Phragmitetea*). Daran schließen sich die halophilen Gesellschaften (*Zosteretea* bis *Juncetea maritimi*) und die Gesellschaften salzfreier, ± trockener Böden (Moos- und Flechtengesellschaften, *Asplenietea* bis *Festuco-Brometea*) usw. Selbstverständlich sind auch diese „Reihen" nicht linear, sondern, wenn man will, „mehrdimensional".

An dieser Stelle seien noch einige Bemerkungen über die *Kryptogamengesellschaften* eingeschaltet. Kryptogamen treten in den verschiedensten Pflanzengesellschaften mehr oder weniger reichlich auf. Oft sind sie, wie z. B. die Waldbodenmoose, feste Bestandteile der betreffenden Gesellschaften und werden von den meisten Pflanzensoziologen auch zu diesen gerechnet; nicht selten geben sie sogar wichtige Kenn- oder Trennarten ab. Von seiten einiger Bryologen und Lichenologen wurde dagegen versucht, die Moose und Flechten aus den Pflanzengesellschaften herauszulösen und zu besonderen selbständigen moos- oder flechtensoziologischen Systemen zusammenzufassen. Ein derartiges Vorgehen stellt jedoch eine Überbewertung dieser Pflanzengruppen dar und würde nur zu einer unnatürlichen Aufspaltung vieler Vegetationseinheiten führen. Eine Herausstellung dieser taxonomischen Gruppen erscheint ebensowenig begründet wie die anderer, etwa der Gramineen, Ericaceen u. dgl.

Darüber hinaus gibt es aber auch Pflanzengesellschaften, die vorwiegend oder ausschließlich aus Kryptogamen aufgebaut sind. Soweit diese *unabhängig* von anderen Pflanzengesellschaften sind, werden sie in soziologisch-systematischer Hinsicht selbstverständlich wie alle anderen behandelt; da sie durchweg eine geringe soziologische Organisationshöhe aufweisen, wird man sie in den Anfangsbereich des Systems einordnen. Wir führen derartige Gesellschaften deshalb auch zu Beginn der Reihen an. Daneben gibt es auch Kryptogamengesellschaften, die nur im Schutze anderer (mehrschichtiger) Pflanzengesellschaften gedeihen oder die von der Existenz gewisser Komponenten anderer Gesellschaften, die deren eigentliches Substrat darstellen, abhängig sind. Die systematische Beurteilung dieser *abhängigen Kryptogamengesellschaften* (z. B. Moos- und Flechtengesellschaften an Bäumen) ist schwieriger. Das gleiche gilt für solche, die nur an künstlich geschaffenen Kleinstandorten vorkommen, wie etwa Wegabstichen usw. Darüber, ob man diese Kryptogamengesellschaften den sie beherbergenden anderen Pflanzengesellschaften „beiordnen" soll, sozusagen als Anhang, oder ob man sie davon völlig unabhängig soziologisch-systematisch behandeln soll, gehen die Meinungen auseinander. (Ähnliche Auffassungsdifferenzen gibt es z. B. auch bei den Schlag-Gesellschaften.)

Obwohl bis jetzt schon recht zahlreiche Moos- und Flechtengesellschaften beschrieben wurden, ist ihre Zusammenfassung zu höheren pflanzensoziologischen Einheiten noch recht wenig geklärt. Bedeutsame Arbeiten in dieser Richtung verdanken wir in letzter Zeit vor allem VON HÜBSCHMANN (1957 u. a.) und KLEMENT (1955). Noch viel weniger bekannt sind die Algengesellschaften. — Ein befriedigender Gesamtüberblick über die bei uns vorkommenden Kryptogamengesellschaften kann z. Zt. noch nicht gegeben werden. Dazu bedarf es noch sehr eingehender Forschung. Wir beschränken uns bei der Anführung daher auf einige der selbständigen Kryptogamengesellschaften.

1. Lemnetea – Wasserlinsengesellschaften. Sie wurden erst in neuerer Zeit als selbständige Klasse aufgestellt. Früher wurden sie zu den *Potametea* gerechnet, mit denen die Wasserlinsen allerdings in engstem Kontakt auftreten. Die Abtrennung als selbständige Gesellschaften ist aber durchaus berechtigt, da die *Potametea*-Gesellschaften aus wurzelnden Pflanzen bestehen, die Wasserlinsengesellschaften dagegen aus frei im oder auf dem Wasser schwimmenden Arten zusammengesetzt sind, die leicht einer Verdriftung durch den Wind unterliegen. Sie kommen daher ebenso in Röhrichten wie Laichkrautgesellschaften u. a. vor und können die verschiedensten Gesellschaftsüberlagerungen bilden. In reiner Ausbildung findet man die Wasserlinsengesellschaften nur in ganz ruhigen und meist flachen Gewässern; dort haben sie die günstigsten Standortsbedingungen. Der migratorische Charakter und der überaus einfache Gesellschaftsaufbau sind sehr charakteristische Merkmale dieser Klasse.

Die *Lemnetea* umfassen bis jetzt nur eine Ordnung (*Lemnetalia*) und in Europa auch nur einen Verband (*Lemnion minoris*); in diesem Gebiet fallen demnach Verbands-, Ordnungs- und Klassenkennarten zusammen. Bei uns kommen 6 Assoziationen vor, die jeweils durch 1–2 Arten gekennzeichnet sind und die unterschiedliche Ansprüche an Nährstoffreichtum und Wärme stellen. Nicht selten gibt es jedoch Ausbildungsformen, die nur *Lemna minor*, *L. trisulca* und *Spirodela polyrhiza* enthalten, d. h. Kennarten des Verbandes (bzw. der Ordnung und Klasse). Solche Ausbildungen werden z. T. als „Gesellschaftsfragmente", z. T. als besondere Assoziationen (*Lemnetum minoris-trisulcae*, *Spirodelo-Lemnetum*) bezeichnet; man kann sie aber auch als „typicum" des Verbandes betrachten. Die Wasserlinsengesellschaften zeigen keine Entwicklungstendenzen zu anderen Gesellschaften.

2. Wassermoosgesellschaften. Sie sind in unserem engeren Gebiet noch so gut wie unbearbeitet; dagegen liegen aus den Nachbargebieten einige Bearbeitungen vor (besonders von VON HÜBSCHMANN, 1957). Danach dürften für unser Gebiet zumindest 2 Klassen von süßwasserbewohnenden unabhängigen Moosgesellschaften in Frage kommen. Einmal die *Brachypodietea plumosi*, die eine Ordnung gleichen Namens enthalten. Die Klasse umfaßt die Wassermoosgesellschaften saurer Gewässer in der montanen Stufe. Es sind bisher 3 Verbände beschrieben worden, von denen wir nur das *Scapanion undulatae* nennen wollen; Gesellschaften dieses Verbandes sind auch in den Bächen der Urgesteinsgebiete unserer höheren Mittelgebirge entwickelt. Die andere Klasse, die *Fontinaletea antipyreticae* besteht bisher auch nur aus einer Ordnung (*Fontinaletalia antipyreticae*) und umfaßt die Wassermoosgesellschaften des mitteleuropäischen Flachlandes. VON HÜBSCHMANN unterscheidet 3 Verbände (bzw. Assoziations-Gruppen): das *Fontinalion antipyreticae*, dessen Gesellschaften völlig submers sind, das *Cinclidoto-Fissidention crasspedis* zu dem die zeitweise unter Wasser lebenden Moosgesellschaften kalkreicher Gewässer gehören, und das *Rhynchostegion*, dessen Gesellschaften auch längere Trockenperioden überdauern können. Eine Weiterentwicklung der Wassermoosgesellschaften dürfte, wenn überhaupt, nur sehr selten vorkommen. Am ehesten könnte noch an Beziehungen mancher *Fontinaletea*-Gesellschaften zum *Ranunculion fluitantis* gedacht werden.

3. Algetalia (?). Noch viel dürftiger sind unsere Kenntnisse der süßwasserbewohnenden Algengesellschaften. SAUER hat zwar die Bezeichnungen *Algetalia* und *Algion* geprägt, doch beruht dieser Verband bzw. diese Ordnung nicht auf gemeinsamen Arten und ist daher nur als Provisorium zu betrachten. Es werden von ihm darunter sowohl Algengesellschaften an Seerändern und an bespülten Steinen als auch solche am Grunde von Seen verstanden. Eine nicht seltene Tiefengesellschaft vieler Seen scheint das *Aegagropiletum holsaticae* mit *Cladophora aegagropila* als wichtigster Art zu sein. Ob daneben noch ein *Vaucherietum dichotomae* als gesonderte Algengesellschaft ausgeschieden werden kann, müssen erst weitere Untersuchungen zeigen.

4. Charetea – Armleuchteralgen-Gesellschaften. Gesellschaft von Armleuchteralgen sind in vielen Seen, langsam fließenden Gewässern usw. sowohl im Bereich des Süßwassers als auch des Salz- bzw. Brackwassers verbreitet. Soweit sie geringere Tiefen besiedeln, weisen sie oft Durchdringungen mit *Potamion*- oder *Phragmition*-Gesellschaften auf und wurden meist nicht von diesen getrennt. In etwas größeren Tiefen sind sie dagegen oft rein entwickelt und haben kaum Beziehungen zu anderen Klassen; gelegentlich vorkommende *Potametea*-Arten sind als Pioniere nachfolgender Gesellschaften zu betrachten.

Die Characeen-Gesellschaften sind ebenfalls noch sehr wenig studiert. Sie scheinen sich in eine Süßwasser- und eine Brackwassergruppe gliedern zu lassen, wobei jede Gruppe Tiefengesellschaften und Flachwassergesellschaften umfaßt. Bis jetzt sind bekannt geworden eine Tiefengesellschaft des Süßwassers (*Magnocharetum* bzw. *Tolypellopsidetum stelligerae*) und eine des Brackwassers (*Charo-Tolypelletum nidificae*) sowie einige Flachwassergesellschaften: das *Parvocharetum* (bzw. *Charetum hispidae*) des Süßwassers und das *Charetum crinitae* sowie das *Charetum horridae-balticae* des Brackwassers. Tiefen- und Flachwassergesellschaften sind durch Übergangsglieder verbunden; beide Bezeichnungen haben auch nur relativen Charakter, da die Tiefen, bis zu denen diese Gesellschaften vorkommen, wohl von den Lichtverhältnissen abhängen. Wenigstens teilweise ist eine Weiterentwicklung zu *Potametea*- und *Phragmitetea*-Gesellschaften wahrscheinlich gemacht worden. Die Flachwassergesellschaften des brackischen Bereichs haben ferner Beziehungen zu den *Ruppietea*.

5. Potametea — Laichkrautgesellschaften. Bei der Verlandung von ± nährstoffreichen Seen folgen oft auf die Charengesellschaften verschiedene Wasserpflanzengesellschaften. Solche treten auch in fließenden Gewässern häufig auf. Infolge der ausgleichenden Wirkung des Wassers zeigen viele Wasserpflanzengesellschaften eine über weite Gebiete ziemlich einheitliche Ausbildung. Für das Zustandekommen der Gesellschaften spielen nur verhältnismäßig wenige Faktoren eine Rolle, so vor allem der Trophiegrad, die Art des Untergrundes, Wassertiefe (und damit z. T. die Lichtverhältnisse), Strömungsgeschwindigkeit usw. Man faßt alle Wasserpflanzengesellschaften eutropher und mesotropher Gewässer zur Klasse der *Potametea* zusammen, die nur eine Ordnung, die *Potametalia eurosibirica*, enthält. Es werden drei Verbände unterschieden, die in mancherlei Hinsicht gut getrennt sind.

Potamion eurosibiricum: Dazu werden die submers und meist auf nährstoffreichen Schlammböden wachsenden laichkrautreichen Wasserpflanzengesellschaften gerechnet. Sie können bis in größere Tiefen vordringen und sind dann oft den *Nymphaeion*-Gesellschaften vorgelagert. Zu diesem Verband gehören z. B. das *Potametum lucentis* und das *Potametum nitentis*.

Nymphaeion: *(Seerosen-) Schwimmblattgesellschaften*; sie kommen in stehendem oder nur schwach bewegtem Wasser in geringer bis mäßiger Tiefe vor. Man kann zwei Assoziationsgruppen (vielleicht auch Unterverbände) unterscheiden: eine mitteleuropäische Gruppe, die in nährstoffreichen Gewässern auf Schlamm vorkommt — dazu gehört das weitverbreitete *Myriophyllo-Nupharetum* —, und eine boreal-montane Gruppe, die bei uns mehr oder weniger mesotrophe bis leicht oligotrophe Gewässer besiedelt. In diese Gruppe gehören das *Potameto-Nupharetum* und das diesem nahestehende *Nymphaëtum albo-candidae*, das *Nymphaëtum minoris* und das *Nupharetum pumili*.

Ranunculion fluitantis: Im Gegensatz zu den bisherigen stehen die Fluthahnenfuß-Gesellschaften, die kennzeichnend für mäßig bis stark fließende und meist kühle Gewässer sind. Dazu gehört z. B. die vielerorts in Bächen noch vorkommende Fluthahnenfuß-Gesellschaft (*Sparganio-Ranunculetum fluitantis*).

6. Litorelletea – Strandling-Gesellschaften. Während die *Potametea* wie gesagt, die Wasserpflanzengesellschaften eutropher oder wenigstens mesotropher Gewässer umfassen, gehören die entsprechenden Gesellschaften oligotropher und saurer Gewässer zur Klasse der *Litorelletea*, von der wir zwei Verbände erwähnen:

Sphagno-Utricularion: Dazu gehören die extrem oligotrophen Moortümpel- und Schlenkengesellschaften mit *Sphagnum cuspidatum*, *Utricularia minor* und *intermedia*.

Litorellion: Periodisch oder zeitweise untergetauchte Teichrandgesellschaften im Bereich zwischen Hoch- und Niedrigwasser. Sie treten nur in unverschmutzten, nährstoffarmen und sauren Gewässern, oft auf Sand auf. Ihre Hauptverbreitung haben sie im nordisch-subatlantischen Bereich und strahlen bei uns aus. Sie sind bisher wenig untersucht.

7. Phragmitetea – Röhrichte und Großseggenriede. Sie schließen bei der Verlandung an die *Potametea*, in geringerem Maße auch an das *Litorellion* an. Die reichste Entfaltung erlangen sie an nährstoffreichen Standorten, doch reichen einzelne Gesellschaften weit in den mesotrophen bis leicht oligotrophen Bereich. Bisher wurde nur eine Ordnung, die *Phragmitetalia*, ausgeschieden, die drei gut umgrenzte Verbände umfaßt. Die Charakterisierung der Verbände ist sogar wesentlich fundierter als die der Ordnung bzw. Klasse.

Phragmition eurosibiricum: Es umfaßt die eigentlichen Röhricht-Gesellschaften, und zwar sowohl des Süßwassers – hier hat der Verband zweifellos seinen Schwerpunkt – als auch des Brackwassers. Die am meisten verbreitete Assoziation ist das *Scirpeto-Phragmitetum*. Da dessen wichtigste Arten Schilf, Rohrkolben und Teichsimse zur Herdenbildung neigen, bietet diese Gesellschaft oft wechselvolle Bilder. Weitverbreitet ist fernerhin das an sehr nährstoffreichen Standorten mit stagnierendem oder langsam fließendem Wasser und erheblichen Wasserstandsschwankungen vorkommende *Glycerietum maximae* (Wasserschwaden-Röhricht). Die verbreitetste Brackwasser-Röhrichtgesellschaft ist das *Scirpetum maritimi*.

Glycerio-Sparganion: Zu diesem Verband gehören die Bachröhrichte, die besonders an Gräben eine weite sekundäre Verbreitung gefunden haben. Die wichtigste Assoziation ist das *Glycerio-Sparganietum neglecti*, das nicht selten in einer *Nasturtium officinale-* oder *Sium erectum-Fazies* ausgebildet ist.

Magnocaricion – Großseggenriede: Gesellschaften dieses Verbandes folgen bei der Verlandung meist den eigentlichen Röhrichten. Da sie sehr stoffproduktiv sind, verändern sie durch Aufhöhung bald ihre Standorte und bilden dadurch ein Zwischenglied zu den nachfolgenden Bruchwäldern, sofern durch menschlichen Einfluß (Melioration, Mahd usw.) nicht eine Überführung in Wiesen (*Molinio-Arrhenatheretea*) erfolgt. Je nach Nährstoffreichtum, stagnierendem oder etwas bewegtem Wasser sind mehrere Assoziationen ausgebildet, so das eutrophe *Caricetum elatae* (Steifseggensumpf), das eu- bis mesotrophe *Caricetum ripario-acutiformis*, das meso- bis oligotrophe *Caricetum rostrato-vesicariae* usw. *Magnocaricion*-Gesellschaften stellen z. T. natürliche Gesellschaften dar, die sich im Zuge der Verlandung entwickeln, z. T. sind es Ersatzgesellschaften, die aus der Rodung von Erlenbrüchen hervorgegangen sind.

Als nächstes seien diejenigen Klassen behandelt, die auf salzhaltige Standorte beschränkt sind. Auf die marinen *Algengesellschaften* wollen wir nicht eingehen; sie sind in unserem Gebiet noch kaum bearbeitet. Ebenso seien lediglich genannt die im Salzwasserbereich an Gesteinen vorkommenden halophilen Moosgesellschaften, die zur Klasse der *Schistidietea maritimi* (= *Grimmietea maritimi*) gerechnet werden.

8. Zosteretea marinae – Seegraswiesen. Es handelt sich hierbei um rein marine Gesellschaften, die in verschiedener Wassertiefe vorkommen. Die Klasse umfaßt, wie die meisten artenarmen Pioniergesellschaften, nur eine Ordnung und einen Verband gleichen Namens. Es wurden bisher zwei Assoziationen ausgeschieden, das *Zosteretum marinae* und das *Zosteretum nanae*. Die *Zosteretea* werden in flachem oder geringer salzhaltigem Wasser abgelöst von den *Ruppietea*.

9. Ruppietea – Saldengesellschaften. Die obligat halophilen Saldengesellschaften, die sowohl an der Küste als an Solgräben der Binnensalzstellen vorkommen, wurden bis vor kurzem zu den *Potametea* gestellt; mit diesen haben sie aber kaum etwas gemein. Dagegen ist ihre Abgrenzung gegen den halophilen Flügel der *Charetea* noch problematisch, da bis jetzt zu wenige Angaben vorliegen. Aus dem mecklenburgischen Boddengebiet wurde ein *Ruppio-Zannichellietum* beschrieben, das dort in geringer Wassertiefe recht verbreitet ist und im Laufe der Entwicklung in ein *Scirpetum maritimi* übergeht.

10. Salicornietea – Queller-Gesellschaften. Auch sie sind Pioniergesellschaften, welche die Besiedlung salzreicher Standorte einleiten. Am bekanntesten sind wohl die Quellerbestände in den Wattgebieten, wo sie für die Landgewinnung größte Bedeutung haben. Hier wie auf den Flugsandplatten mit ihren besonderen Wasserführungsverhältnissen ist der Siedlungsbereich des *Salicornietum strictae*, das nur von einer Art, *Salicornia stricta*, gebildet wird. Da im Bereich der Ostsee Wattbildungen infolge der fehlenden Gezeiten nur sehr gering entwickelt sind, ist auch das *Salicornietum strictae* hier nur selten und nicht mehr optimal ausgebildet. Auf salzreichen schlammigen Stellen innerhalb der Salzwiesen sowie an Binnensalzstellen beginnt die pflanzliche Besiedlung mit dem *Salicornietum patulae*. Diese Gesellschaft setzt sich aus zwei Arten, *Salicornia patula* und *Suaeda maritima* zusammen. Das *Salicornietum patulae* wird schließlich von Salzwiesen abgelöst. Die Klasse umfaßt nur eine Ordnung (*Salicornietalia*) und diese einen Verband (*Thero-Salicornion*).

11. Juncetea maritimi – Salzwiesen-Gesellschaften. Die Klasse umfaßt eine Ordnung (*Juncetalia maritimi*) mit zwei Verbänden, die im großen und ganzen die Entwicklung bei abnehmendem Salzgehalt widerspiegeln. Der Name der Klasse bzw. der Ordnung ist wenig glücklich, da *Juncus maritimus* nur in ganz wenigen Gesellschaften vorkommt und gar keine Klassen- oder Ordnungs-Kennart ist. – Die Pflanzengesellschaften, die im Küstengebiet auf das *Salicornietum* folgen, gehören zum Verband des

Puccinellion maritimae: Ihre Standorte weisen einen noch recht hohen Salzgehalt auf. Die wichtigste Assoziation ist das artenarme *Puccinellietum maritimae*, die bekannte Andelwiese des Außendeichslandes. Sie ist vor allem im Küstenbereich der Nordsee weit verbreitet; in der Ostsee reicht die Gesellschaft etwa bis in die Gegend der Wismarer Bucht, nimmt aber bei uns nur unbedeutende Flächen ein.

Armerion maritimae: Dieser Verband umfaßt die halophilen Gesellschaften auf nicht mehr so stark salzhaltigen Böden und folgt daher meist in der Entwicklung auf das *Puccinellion*. Die wichtigste Gesellschaft ist das *Juncetum gerardi*, die Salzbinsen-Wiese; sie nimmt an der Nordsee die etwas höher gelegenen und damit salzärmeren Partien ein, bei uns ist sie die vorherrschende Salzwiesengesellschaft. An den Binnensalzstellen folgen auf das *Salicorietum* meist unmittelbar *Armerion*-Gesellschaften. Als weitere Assoziation dieses Verbandes sei das *Artemisietum maritimae* genannt, das bei uns jedoch nur selten vorkommt. Die Salzwiesengesellschaften des *Armerion* haben weitestgehend den Charakter von Dauergesellschaften. Sie können sich wohl nur durch exogene Einflüsse zu nicht-halophilen Wiesen weiterentwickeln.

Die folgenden Klassen umfassen diejenigen Pflanzengesellschaften, die auf salzfreien Standorten die pflanzliche Besiedlung einleiten. Je nach der Art des Substrates entwickeln sich verschiedene Pioniergesellschaften. Auf Felsstandorten entwickeln sich als erstes in der Regel *Flechten-* und *Moosgesellschaften*. Während die Flechtengesellschaften dank einer sehr gründlichen und umfassenden Darstellung durch KLEMENT (1955) verhältnismäßig gut bekannt sind, sind die Moosgesellschaften trotz vieler Einzelarbeiten noch wenig in soziologisch-systematischer Hinsicht geklärt. Wir können beide Gruppen hier nur kurz streifen. Die Flechtengesellschaften auf Gestein werden zur Klasse der *Epipetretea lichenosa* zusammengefaßt. Diese wird in drei Ordnungen gegliedert, die jeweils mehrere Verbände umfassen. Die Ordnung der *Rhizocarpetalia* umfaßt die Flechtengesellschaften auf Silikatgesteinen, die der *Xeroverrucarietalia* die auf Kalkgesteinen, und die der *Hydroverrucarietalia* die hydrophilen Flechtengesellschaften auf befeuchteten Blöcken in Bächen usw.

Von den Moosgesellschaften auf Gestein seien lediglich die Ordnungen *Rhacomitrietalia heterostichi*, *Grimmietalia anodontis* und *Grimmietalia commutatae* erwähnt sowie die Klasse der *Ctenidietea mollusci*, welche die Moosgesellschaften der Kalkfelsen umfaßt. Zumindest zu einem Teil bereiten diese Gesellschaften das Keimbett für das Aufkommen von Höheren Pflanzen, für die Entwicklung von Felsspalten-Gesellschaften.

12. Asplenietea rupestris – Felsspalten-Gesellschaften. Infolge der extremen Verhältnisse der Felsstandorte vermögen hier nur wenige Höhere Pflanzen zu gedeihen. Ihr Optimum erreichen die Felsspalten-Gesellschaften in den Hochgebirgen, da dort entsprechende Standorte in reicher Zahl zur Verfügung stehen. In den Mittelgebirgen sind die *Asplenietea* bereits merklich weniger gut entwickelt, und in den Flachländern fehlen sie mangels geeigneter Standorte von Natur aus weitgehend. Sie treten hier vor allem an Sekundärstandorten (Mauern usw.) auf und sind ± fragmentarisch ausgebildet. Es lassen sich zwei Ordnungen unterscheiden, die jeweils einen Verband enthalten.

Potentilletalia caulescentis mit dem Verband *Potentillion caulescentis*. Hierzu gehören die Felsspalten-Gesellschaften der Kalkgesteine. Die Ausbildungen an den anthropogenen Sekundärstandorten sind zum größten Teil ebenfalls zu diesem Verband zu rechnen (kalkhaltiger Mörtel!). Sie werden meist zur *Asplenium ruta-muraria-trichomanes-Ass.* gestellt.

Androsacetalia vandellii (und gleichnamiger Verband); sie umfassen die entsprechenden Gesellschaften auf Silikatgesteinen. Die Felsspalten-Gesellschaften sind bei uns noch sehr wenig studiert, insbesondere ihre Abgrenzung gegenüber den selbständigen Moosgesellschaften.

13 Corynephoretea – Silbergras-Fluren. Diese Klasse faßte man früher nach dem Vorschlag von Klika verhältnismäßig weit und verstand darunter die Pflanzengesellschaften, die die Besiedlung ± festliegender Sandflächen einleiten und die auf diese folgenden Sand-Trockenrasen. Da jedoch die Pionier„stadien" kaum floristische Beziehungen zu den Folgegesellschaften aufweisen, werden jetzt vielfach nur erstere zu den *Corynephoretea* gerechnet. In dieser engeren Fassung (die z. B. mit den *Salicornietea* verglichen werden kann) besitzt die Klasse nur eine Ordnung und diese nur einen Verband jeweils gleichen Namens. Die einzige Assoziation, die erwähnt sei, das *Corynephoretum canescentis*, ist außerordentlich artenarm und besteht in der typischen Ausbildung nur aus 1–2 Blütenpflanzen. Es entwickelt sich jedoch im allgemeinen rasch weiter zu Festuco-Sedetalia-Gesellschaften.

Im Gegensatz zum *Corynephoretum*, das keine nennenswerte Übersandung verträgt, stehen die Gesellschaften der nächsten Klasse.

14. Ammophiletea – Dünen-Gesellschaften. Für sie ist beweglicher Sand zugleich das kennzeichnendste Standortsmerkmal. Die Klasse besteht aus einer Ordnung: *Elymetalia arenarii*. Es werden zwei Verbände mit jeweils einer Assoziation unterschieden.

Zum *Agropyro-Honckenyion peploidis* werden die nordatlantischen Vordünen-Gesellschaften gerechnet. Die einzige Assoziation, das *Agropyretum boreoatlanticum*, besteht vor allem aus der Strandquecke, *Agropyron junceum*, welche die Dünenbildung einleitet. Diese Gesellschaft ist vor allem im Nordseebereich zu finden und klingt in der Ostsee aus. Hier erfolgt die Primärdünenbildung meist durch *Ammophila arenaria* und *Elymus arenarius*.

Das *Ammophilion borealis* umfaßt die eigentlichen Dünengesellschaften des Nordatlantiks und der Ostsee. Die hier einzige Assoziation ist das *Elymo-Ammophiletum*, das auch an unseren Küsten weit verbreitet ist und als Dünenbildner eine außerordentlich große Bedeutung besitzt. In der typischen Ausbildung ist es wie alle Pioniergesellschaften sehr artenarm. Bei entsprechend fortgeschrittener Festlegung des Sandes geht diese Gesellschaft ± schnell in Sandtrockenrasen der folgenden Klasse über.

15. Sedo-Scleranthetea – Sandtrockenrasen. Die Klasse umfaßt die Pflanzengesellschaften auf sandig-grusigen Böden, die sich rasch erhitzen und in den oberen Schichten leicht austrocknen. Ein großer Teil der Gesellschaften ist azidophil. Man unterscheidet zwei Ordnungen: die ausschließlich alpinen *Sempervivo-*

Sedetalia, auf die wir nicht weiter einzugehen brauchen und die bei uns vorkommenden *Festuca-Sedetalia*: Zu letzterer werden etwa sechs, z. T. geographisch bedingte Verbände gerechnet, von denen wir nur einige anführen.

Koelerion albescentis, atlantische Schillergrasfluren: Es handelt sich dabei um Trockenrasen, die auf das *Elymo-Ammophiletum* folgen. Sie kommen daher nur im unmittelbaren Küstenbereich vor, und zwar auf festgelegten Dünen, die noch nicht völlig entkalkt sind. Im Ostseebereich oder an Standorten, die weitgehend entkalkt sind, verarmt das *Koelerion*; die diesbezüglichen Gesellschaften sind bis jetzt nicht befriedigend einzuordnen, auch wenn sie Beziehungen zum folgenden Verband zeigen.

Armerion elongatae, Grasnelkenfluren: Dieser Verband umfaßt die Sandtrockenrasen im klimatisch gemäßigten (± subozeanischen) Binnenland. Im Gegensatz dazu steht das Koelerion glaucae, subkontinentale Schillergrasfluren: Hierzu zählen die an (sub-)kontinentalen Arten reichen Sandtrockenrasen auf kalkhaltigen Standorten, die vor allem in den trocken-warmen Gebieten vorkommen, insgesamt aber in unserem Gebiet bereits ausklingen.

Thero-Airion, Kleinschmielen-Rasen: Die hierzu gehörenden Gesellschaften bestehen größtenteils aus Einjährigen. Sie sind bei uns vor allem auf sandigen Brachäckern, in Sand- und Kiesgruben und in fragmentarischer Ausbildung an Wegrändern in Sandgebieten zu finden.

Die *Festuco-Sedetalia* wurden bis vor kurzem zur Klasse der *Festuco-Brometea* gestellt. Nach Ausscheidung der alpinen Ordnung der *Sempervivo-Sedetalia* machte sich die Aufteilung der *Festuco-Brometea* und die Aufstellung einer besonderen Klasse (*Sedo-Scleranthetea*) erforderlich; die *Festuco-Brometea* in der jetzigen, engeren Fassung sind wesentlich natürlicher umgrenzt und vor allem auf die ausgesprochenen Kalktrockenrasen beschränkt.

16. Festuco-Brometea — Kalktrockenrasen. Nach Abspaltung der Sandtrockenrasen (*Festuco-Sedetalia*) verbleiben in dieser Klasse drei Ordnungen.

Violetalia calaminariae — Schwermetall-Rasen: Die Ordnung besteht nur aus einem gleichnamigen Verband und wenigen Gesellschaften, die auf kupfer- und zinkerzhaltigen Böden zu gedeihen vermögen. Es handelt sich bei diesen um ausgesprochene Spezialisten-Pioniergesellschaften (*Armerietum halleri*, *Violetum calaminariae* usw.). Je nach dem Gebiet, in dem diese Schwermetallrasen vorkommen, zeigen die Gesellschaften einen verschieden starken Einschlag von übergreifenden *Brometalia*- oder *Festucetalia vallesiacae*-Arten.

Brometalia erecti — submediterrane Trocken- und Halbtrockenrasen: Zu dieser Ordnung faßt man die wärmeliebenden Trockenrasen zusammen, deren Hauptverbreitung im Submediterrangebiet liegt. In Mitteleuropa finden sie sich extrazonal, d. h. inselförmig an Stellen entsprechenden Lokalklimas. In der natürlichen Landschaft waren sie sicher nur recht wenig verbreitet. Durch den menschlichen Einfluß wurden ihnen erweiterte Siedlungsmöglichkeiten geschaffen. Entsprechend ihrem geographischen Schwerpunkt verarmen sie nach Norden immer mehr und verzahnen sich besonders in Mitteldeutschland und im böhmisch-mährischen Raum vielfach mit den dort ähnliche Standorte besiedelnden *Festucetalia vallesiacae*.

Die Abgrenzung gegen diese ist dann vielfach recht schwierig. Die Verbände sind ökologisch gut charakterisiert:

Xerobromion: Dieser Verband umfaßt die Gesellschaften auf besonders flachgründigen trockenen Kalkskelettböden („Felssteppe"), während zum Mesobromion die Halbtrockenrasen auf nicht so extrem trockenen Kalkböden gehören. Gerade sie kommen vielfach auf Sekundärstandorten (nach Rodung xerothermer Waldgesellschaften) vor. Beide Verbände können noch weiter untergliedert werden und enthalten etliche Assoziationen.

Festucetalia vallesiacae — kontinentale Steppenrasen: Die *Festucetalia*-Gesellschaften sind zwar ebenso wie die der *Brometalia* wärmeliebend, vertragen aber größere Temperaturextreme und bevorzugen meist tiefergründige Böden. Die zu dieser Ordnung gehörenden Steppenrasen haben ihre optimale Entfaltung in dem klimatisch bedingten Steppengürtel des osteuropäisch-südsibirischen Raumes. Von hier reichen sie in inselartigen Vorkommen und schrittweise verarmend bis nach Mitteleuropa und klingen in unserem Gebiet im wesentlichen aus (Näheres siehe Krausch, 1961). Die Gliederung der *Festucetalia* hat bis jetzt nur provisorischen Charakter, da die Gesellschaften eigentlich nur in ihren mitteleuropäischen, d. h. ± stark verarmten Vorkommen untersucht sind. Aus ihren Hauptentfaltungsgebieten liegen kaum vergleichbare Untersuchungen vor. Die Ordnung umfaßt mindestens drei Verbände, von denen bei uns nur die beiden erstgenannten vertreten sind.

Zum *Cirsio-Brachypodion pinnati* rechnet man die etwas mesophileren krautreichen Wiesensteppen mit der Hauptverbreitung in der Waldsteppenzone Osteuropas. Bei uns wie wohl auch zu einem großen Teil in Osteuropa dürften sie Ersatzgesellschaften thermophiler Laubmischwälder darstellen.

Festuco-Stipion: Dieser Verband umfaßt die sogenannten nördlichen Schwingel- und Federgrassteppen Osteuropas, die sich dort südlich an die krautreichen Wiesensteppen anschließen. Beide Verbände verarmen nach Westen und verzahnen sich in südwestlicher Richtung zunehmend mit den *Brometalia*. Das *Cirsio-Brachypodion* reicht dabei weiter in das subatlantische Gebiet hinein als das *Festuco-Stipion*. Nur erwähnt sei das Stipion lessingianae, das die „südlichen Federgrassteppen" umfaßt. Dieser Verband erreicht unser Gebiet nicht mehr; seine westlichsten Vorkommen befinden sich im panonischen Raum.

17. Molinio-Arrhenatheretea — europäische Wirtschaftswiesen. In diese Klasse werden die mesophilen Pflanzengesellschaften der natürlichen sowie der Halbkultur- und Kulturwiesen auf mineralischen oder organogenen Böden eingereiht. Die ökologische Spanne hinsichtlich Nährstoffhaushalts- und Aziditätsverhältnissen ist recht weit, jedoch vertragen die Gesellschaften keine übermäßig austrocknenden Böden. Der ganz überwiegende Teil der hierher gehörenden Grünlandgesellschaften sind Ersatzgesellschaften; natürliche Wiesen sind sehr selten und wohl nirgends in größerem Ausmaß ausgebildet gewesen. Die *Molinio-Arrhenatheretea* haben das Entfaltungszentrum im gemäßigt temperierten Gebiet Europas. Man unterscheidet zwei Ordnungen.

Molinietalia — Feuchtwiesen: Sie besiedeln torfige oder anmoorige Böden mit im allgemeinen hohem, aber jahreszeitlich wechselndem Grundwasserstand. Die

Ordnung umfaßt sowohl natürliche wie Halbkultur-Wiesen. Sie sind meist wenig ertragreich. In unserem Gebiet kommen drei Verbände vor.

Molinion coeruleae — Pfeifengraswiesen: Der Verband umfaßt die ungedüngten Extensivwiesen auf wechselfeuchten Standorten verschiedener Bodengüte (vor allem auf Flachmooren). Sie haben ihren Verbreitungsschwerpunkt wohl in den südlichen, kontinental getönten Gebieten Mitteleuropas und sind recht artenreich. Die wichtigste Gesellschaft ist das *Molinietum coeruleae*, das in etliche geographisch bedingte Gebietsassoziationen gegliedert werden kann (Näheres s. FUKAREK, 1961).

Bromion racemosi — Sumpfdotterblumenwiesen: Im Gegensatz zum vorigen Verband sind die *Bromion*-Gesellschaften auf nährstoffreichere Standorte beschränkt und werden meist gedüngt. Sie sind auf Flachmooren weit verbreitet und liefern oft massenreiche, aber nicht immer wertvolle Bestände. Eine bei uns häufig vorkommende Gesellschaft ist die *Cirsium oleraceum-Polygonum bistorta-Ass.*

Filipendulo-Petasition — Fluß- und Bach-Hochstaudenfluren: Sie sind vielfach auf nährstoffreichen Naßböden an Gewässern als natürliche Pioniergesellschaften entwickelt. Die bei uns häufigste Assoziation dürfte das *Filipendulo-Geranietum* sein.

Arrhenatheretalia — europäische Fettwiesen und Weiden: Die Ordnung umfaßt die in der Regel intensiv bewirtschafteten Halbkultur- und Kulturwiesen sowie die Weiden auf nährstoffreichen mineralischen Böden bei nicht zu hohem Grundwasserstand. Mit Ausnahme von vielleicht einigen Stellen im Überschwemmungsbereich der Auen sind die *Arrhenatheretalia* durchweg Ersatzgesellschaften.

Arrhenatherion — Fettwiesen der mitteleuropäischen Tallagen und Mittelgebirge: In den tiefgelegenen Teilen unseres Gebietes ist die in verschiedenen geographischen Ausbildungen vorkommende *Glatthaferwiese*, das *Arrhenatheretum elatioris*, die wichtigste Assoziation dieses Verbandes. In den Mittelgebirgslagen wird es auf nährstoffreichen Standorten von der *Goldhaferwiese*, dem *Trisetetum flavescentis*, abgelöst, das ebenfalls eine geographisch verschiedene Ausbildung zeigt. Die *Arrhenatherion*-Gesellschaften stellen mit unsere wertvollsten Grünlandbestände dar, die mindestens zweimal geschnitten werden. — In den trockeneren Ausbildungsformen zeigen sich vielfach Beziehungen zu den *Festuco-Brometea*. Zu den *Arrhenatheretalia* werden auch die Intensiv-Fettweiden gerechnet, die meist zu einem eigenen Verband, dem Cynosurion cristati gestellt werden. Durch die Beweidung werden die Böden meist stark gedüngt. Die wichtigsten Assoziationen sind die Weidelgrasweide (*Lolio-Cynosuretum*) und die montane Rotschwingelweide (*Festuco-Cynosuretum*). Da es sich bei beiden um stark abgeleitete Ersatzgesellschaften handelt, ist die Charakterisierung des Verbandes sehr schwach und die Berechtigung seiner Aufstellung umstritten.

Die folgenden sieben Klassen umfassen die *nitrophilen Unkrautgesellschaften*. Sie sind teils natürlich, zum großen Teil anthropogen. Diesen ganzen Komplex vereinigte man lange Zeit zu einer einzigen Klasse, den *Rudereto-Secalinetea*, d.h. zur Klasse der *Ruderal und Segetalgesellschaften*. Die von TÜXEN (1950) vorgeschlagene Aufgliederung wird jedoch den Verhältnissen besser gerecht, auch wenn über einige Punkte die Meinungen noch geteilt sind.

18. Cakiletea maritimae – Nitrophile Spülsaum-Gesellschaften. Es handelt sich um natürliche, artenarme und obligat halophile und nitrophile Pflanzengesellschaften, die sich auf den Spülsäumen der Küste entwickeln. Sie bestehen vor allem aus Einjährigen und werden meist vom Winterhochwasser wieder zerstört. Daher hängt ihre Artenzusammensetzung in nicht geringem Ausmaß von Zufälligkeiten des jeweiligen Samennachschubes ab. Die Abgrenzung der einzelnen Vegetationseinheiten ist deswegen recht schwer zu beurteilen, solange nicht langjährige Untersuchungen von verschiedenen Stellen vorliegen. Vorerst dürfte eine weite Assoziationsfassung angebracht sein. In unserem Bereich ist die Klasse nur durch eine Ordnung, die *Cakiletalia maritimae*, vertreten. Wichtigster (einziger?) Verband ist das *Atriplicion litoralis*, die Strandmelden-Spülsaum-Gesellschaften mit dem *Atriplicetum litoralis*. Wenn eine Zerstörung der Gesellschaften durch Winterhochwässer ausbleibt, entwickeln sie sich weiter zum *Agropyro-Rumicion crispi* (s. *Plantaginetea*).

19. Bidentetea tripartiti – Zweizahn-Gesellschaften. Zu dieser Klasse, die nur eine Ordnung umfaßt (*Bidentetalia tripartiti*), werden die Pioniergesellschaften der im Sommer trockenfallenden Ufersäume der nicht-salzhaltigen Gewässer gerechnet. Die Standorte, oft Spülsäume aus organischen Stoffen, sind schwach bis mäßig nitratreich und meist nährstoffreich. Die *Bidentetea* stellen somit ein gewisses Gegenstück zu den *Cakiletea* dar. Wie diese setzen sich auch die Zweizahn-Gesellschaften vorwiegend aus Sommerannuellen zusammen. Bei ihnen handelt es sich zum größten Teil um natürliche Gesellschaften, die jedoch auch an menschlich bedingten Sekundärstandorten häufig auftreten, wenn auch dort meist in mehr oder weniger fragmentarischer Ausbildung (z. B. auf Schlammaushub von Gräben, am Rande von Dorfteichen, an pfützenreichen Wegen usw.).

Bidention tripartiti: Zweizahn-Gesellschaften an den Ufern von stehenden Gewässern, d. h. Seen und Teichen; je nach Nährstoffreichtum usw. lassen sich mehrere Assoziationen unterscheiden.

Chenopodion fluviatile: Spülsaumgesellschaften an den Kiesufern der Flüsse.

20. Plantaginetea majoris – Tritt- und Flutrasengesellschaften. Die bisher einzige Ordnung gleichen Namens umfaßt zwei Verbände, die sowohl ihrer Herkunft als auch ihrem Inhalt nach recht heterogen sind.

Agropyro-Rumicion crispi: Hierzu gehören einmal natürliche Pflanzengesellschaften alter Tangwälle und Spülsäume an den Küsten wie auch an den Ufern von Flüssen usw., die meist aus der Weiterentwicklung von *Cakiletea*- oder *Bidentetea*-Gesellschaften hervorgegangen sind; sie haben auch Sekundärstandorte auf Brachflächen, Gänseweiden usw. Zum anderen werden auch Rasen-Gesellschaften auf Standorten, die im Winter und Frühjahr häufig längere Zeit vom Wasser überstaut sind, dazugerechnet, ferner eine Reihe von Tritt-Gesellschaften an Wegen usw.

Polygonion avicularis – Vogelknöterich-Trittrasen: Zu diesem Verband gehören ausschließlich anthropo- oder zoogen bedingte Tret-Pflanzengesellschaften auf verschiedenen Böden sowie auf Schlackenwegen oder zwischen Straßenpflaster usw.

21. Artemisietea vulgaris. Auch diese Klasse ist in der jetzigen üblichen Fassung recht heterogen. Die Ordnung der *Onopordetalia acanthii* umfaßt den größten Teil der nitrophilen Ruderalgesellschaften, soweit sie vornehmlich aus mehrjährigen Hochstauden bestehen, sowie entsprechende Gesellschaften an Hecken- und Gebüschrändern. Die zwei in unserem Gebiet in Frage kommenden Verbände sind nicht nur floristisch, sondern auch ökologisch recht gut getrennt.

Onopordion acanthii: thermophile Hochstauden-Ruderalgesellschaften auf trockenen, durchlässigen und meist humusarmen Böden.

Arction: mesophile Ruderalgesellschaften auf mäßig bis stark nitratreichen Standorten, auf Schuttplätzen, an Straßenrändern usw.

Convolvuletalia sepii: Bei dieser Ordnung, die ebenfalls zwei Verbände umfaßt, handelt es sich zwar auch um nitrophile, jedoch natürliche Stauden- und Lianengesellschaften auf älteren Spülsäumen, die oft andere Gesellschaften durchsetzen.

Convolvulo-Archangelicion litoralis: schwach halophile Gesellschaften auf marinen Spülsäumen.

Senecion fluviatilis: Flußbegleitende Staudengesellschaften zwischen Röhrichten und Weidengebüschen, die auf jungen, an organischen Stoffen reichen Sedimenten auftreten.

22. Epilobietea angustifolii – Schlag-Gesellschaften. Nach der plötzlichen Beseitigung der Baumschicht – sei es durch natürliche Vorgänge, wie Brand, Windwurf oder Insektenkalamitäten, meist aber durch forstliche Nutzung – entwickeln sich auf den entstandenen Schlägen kurzlebige nitrophile Pflanzengesellschaften. Diese werden vielfach zu einer besonderen Klasse zusammengefaßt. Die *Epilobietea* bestehen bis jetzt aus einer Ordnung gleichen Namens, welche wiederum in zwei Verbände gegliedert wird; das

Epilobion angustifolii, welches die artenarmen Schlaggesellschaften auf Rohhumusböden nach azidophilen Waldgesellschaften umfaßt, und das *Fragarion vescae*, zu dem die Schlaggesellschaften auf Mullböden der reicheren Waldgesellschaften gehören.

Da man die einzelnen *Epilobietea*-Gesellschaften weitgehend bestimmten Waldgesellschaften zuordnen kann, werden sie von manchen Pflanzensoziologen anhangsweise zu jenen gestellt.

23. Secalinetea – Halmfrucht-Unkrautgesellschaften. Diese und die nächste Klasse umfassen die eigentlichen *Ackerunkrautgesellschaften.* Die *Secalinetea*, zu denen nur die Unkrautgesellschaften der *Wintergetreidefelder* gehören, werden in zwei Ordnungen gegliedert.

Aperetalia spica-venti: Zu ihnen gehören die Gesellschaften auf sauren bis neutralen Sand- und Lehmböden, die je nach Standortsgüte zu zwei Verbänden gerechnet werden.

Arnoserion minimae: Dieses stellt einen atlantisch-subatlantischen Verband dar; nach Norden und Osten werden die Assoziationen immer ärmer und schwieriger zu charakterisieren. Die Assoziationen besiedeln nährstoff- und humusarme saure Sandböden und wachsen meist unter Roggen. Nicht selten kommen bei uns das *Teesdalio-Arnoseretum* und ähnliche Gesellschaften vor.

Aphanion arvensis: Im Gegensatz zu ersteren besiedeln die *Aphanion*-Gesellschaften die etwas besseren Lehmböden, meist unter Roggen und Weizen. Weitverbreitet ist bei uns z. B. die *Aphanes arvensis-Matricaria chamomilla-Ass.* oder das *Papaveretum argemonis.*

Secalinetalia: Zu dieser Ordnung gehört nur ein Verband, das Caucalion lappulae. Die Gesellschaften dieses Verbandes wachsen im allgemeinen unter Weizen auf warmen, kalkreichen Böden und enthalten dementsprechend viele thermophile und calciphile Arten, die meist der Mediterran-Region entstammen. Dort haben diese Gesellschaften auch ihr Hauptentfaltungsgebiet. Sie sind bei uns vor allem in den Kalkgebieten verbreitet, im Norden fehlen sie mangels zusagender Standorte weitestgehend.

24. Chenopodietea – Unkrautgesellschaften der Hackfrüchte und des Sommergetreides. Zu der in unserem Gebiet einzigen Ordnung dieser Klasse, den *Chenopodietalia albi*, gehören drei Verbände.

Panico-Setarion: Dieser Verband umfaßt die Unkrautgesellschaften auf mehr oder weniger nährstoffarmen, sauren bis mäßig sauren Sandböden bzw. sandigen Lehmböden. Die Gesellschaften sind am reichsten in Dorfnähe bzw. in Gärten entwickelt; auf siedlungsferneren Feldern treten oft *Aperetalia*-Arten dazu. Im großen und ganzen entspricht dem *Panico-Setarion* das *Arnoserion minimae* der Wintergetreidefelder. Häufigste Assoziationen unseres Gebietes: *Panicetum ischaemi* und *Panicetum crus-gallii-Spergulelum.*

Eu-Polygono-Chenopodion polyspermi: Hierzu werden die vor allem dem *Aphanion* korrespondierenden Gesellschaften auf fruchtbaren Lehmböden gerechnet. Je nach Bodengüte, Stickstoffreichtum usw. sind verschiedene Assoziationen ausgebildet. Es seien genannt: das *Chrysanthemo-Sperguletum*, das *Fumarietum* und das *Panico-Chenopodietum polyspermi*, die jedoch eine weitgehende Gliederung in Gebiets-Ausbildungen usw. zeigen.

Sisymbrion officinalis: Im Gegensatz zu den beiden vorigen Verbänden umfaßt dieser nitrophile Ruderalgesellschaften, die vorwiegend aus Einjährigen bestehen und die vor allem an Straßen und Wegrändern ausgebildet sind. Dazu gehören z. B. die weitverbreitete *Urtica urens-Malva neglecta-Ass.*, die *Bromus sterilis-Hordeum murinum-Ass.* usw.

Bis vor kurzem wurden die Ackerunkrautgesellschaften (einschließlich des *Sisymbrion*) zu einer einzigen Klasse, den *Stellarietea mediae* gerechnet, die zwei Ordnungen umfaßte: die *Centauretalia cyani*, die den jetzigen *Secalinetea* entspricht und die *Chenopodietalia albi*, die jetzt ebenfalls zur Klasse erhoben wurde. Entsprechend dem Herkommen der meisten Getreidearten haben auch die Ackerunkrautgesellschaften ihr Optimum offenbar in den südlichen bzw. südöstlichen Gebieten, in denen Halm- und Hackfruchtgesellschaften auch recht scharf getrennt sind. Die jetzige Gliederung ist in erster Linie auf diesen Optimalbereich zugeschnitten. In den nördlichen bzw. mehr atlantischen Gebieten zeigt die Unkrautvegetation der Sommer- und Winterfrucht dagegen oft einen gewissen Ausgleich

Hier sind die Klassen wenig scharf, manchmal gar nicht zu trennen, die Gesellschaften sind z. T. nur noch in Ortsnähe einigermaßen typisch ausgebildet usw. Eine derartige soziologisch-systematische Situation gibt es in randlichen Ausstrahlungsgebieten auch bei anderen Gesellschaften; man denke z. B. an die vielfachen Verflechtungen zwischen *Brometalia* und *Festucetalia* in Mitteldeutschland u. dgl.

25. Montio-Cardaminetea – Quellfluren. Zu dieser Klasse, die nur eine gleichnamige Ordnung umfaßt, gehören die moosreichen Pioniergesellschaften an sickern dem oder rasch fließendem Wasser auf verschiedenen Gesteinen. Das Wasser als wesentlichster Standortsfaktor ist stets sauerstoffreich und während des ganzen Jahres ziemlich gleichmäßig temperiert. Die zwei Verbände lassen sich wie folgt charakterisieren:

Cardamino-Montion: Quellflurgesellschaften auf Silikatgesteinen; vorwiegend subatlantisch-montan.

Cratoneurion commutati: moosreiche Quellflurgesellschaften auf Kalkgestein, oft in Verbindung mit Kalktuffbildungen.

Die *Montio-Cardaminetea*-Gesellschaften sind bei uns noch wenig bearbeitet.

26. Scheuchzerio-Caricetea fuscae – Kleinseggen-Sümpfe. Die Klasse umfaßt die Pflanzengesellschaften der Moorschlenken, der Übergangsmoore sowie der nährstoffärmeren Flachmoore und der Kalkflachmoore mit Kleinseggenbeständen. Danach richtet sich im wesentlichen die Gliederung in die drei Ordnungen.

Scheuchzeretalia palustris: Herzu gehören die Gesellschaften der oligotrophen bis mesotrophen Schwingrasen und Moorschlenken der Hochmoore. Sie treten z. T. auch auf nassen, oft nackten Torfböden auf.

Rhynchosporion albae: Zu diesem Verband werden die Pioniergesellschaften auf nassen und oft nackten Torfböden und von Hochmoorschlenken gerechnet; z. B. das *Caricetum limosae* und das *Rhynchosporetum albae*. Letzteres tritt nicht selten auch in Torfstichen auf.

Eriophorion gracile: Auch dieser Verband umfaßt im wesentlichen Schlenkengesellschaften, die aber schon stärker verfestigt sind. Hierzu gehören z. B. das *Caricetum lasiocarpae*, das *Caricetum diandrae* usw.

Caricetalia fuscae: Die Ordnung umfaßt die „Braunseggensümpfe", d. h. die Pflanzengesellschaften der sauren, leicht oligo- bis mesotrophen Flachmoore. In unserem Gebiet kommt nur ein Verband vor, das *Caricion canescentis-fuscae*, von dem wir nur das *Carici canescentis-Agrostidetum caninae* als häufig am Rande von Verlandungsmooren und ähnlichen Standorten auftretende Assoziation nennen wollen.

Caricetalia davallianae: In unserem Gebiet kommt aus dieser Ordnung nur ein Verband gleichen Namens vor. Man rechnet dazu die Gesellschaften der Kalkflachmoore, wie das *Caricetum davallianae*, das *Schoenetum nigricantis* usw. Besonders ersteres ist im Süden unseres Gebietes an Quellaustritten kalkreicher Gewässer öfters anzutreffen. Die nördlichen Gebiete sind sehr arm an diesen Gesellschaften.

Ob die Klasse und auch die anderen systematischen Einheiten in der bisherigen Form beibehalten werden können, ist fraglich, da sich die Umgrenzung bisher vor allem auf die Blütenpflanzen gründete. Die Moose wurden noch zu wenig berücksichtigt, obwohl sie in diesen Gesellschaften einen großen indikatorischen und soziologischen Wert besitzen. Vielfach in Kontakt mit den *Scheuchzeretalia* stehen die Gesellschaften der nächsten Klasse.

27. Oxycocco – Sphagnetea - Gesellschaften der Hochmoor-Bulte und der Feuchtheiden. Es handelt sich um zwergstrauchreiche und *Sphagnum*reiche Gesellschaften nasser, nährstoffarmer und saurer Torfböden. Man unterscheidet zwei Ordnungen:

Ledetalia palustris: Hierzu gehören die eigentlichen Hochmoor-Bultgesellschaften, die zu zwei Verbänden gestellt werden. Während das Sphagnion atlanticum die norwesteuropäischen Gesellschaften umfaßt, bezieht sich das Sphagnion continentale auf die entsprechenden Gesellschaften inner- und nordeuropäischer Verbreitung. Da unser Gebiet im Übergangsbereich beider Verbände liegt, lassen sich die Gesellschaften z. T. nicht sicher zuordnen.

Erico-Sphagnetalia: Bei dieser Ordnung, die bei uns wohl nur einen Verband – das *Ericion tetralicis* – umfaßt, handelt es sich um zwergstrauchreiche Feuchtheiden auf vielfach festen, oft nackten Torfböden, die vor allem im atlantischen Bereich verbreitet sind. Bei uns klingt dieser Verband aus. An Assoziationen sei nur das *Ericetum tetralicis* erwähnt.

Die Systematik der *Oxycocco-Sphagnetea* bedarf noch weiterer Bearbeitung. – Besonders der letztgenannte Verband leitet oft unmittelbar zu Gesellschaften der nächsten Klasse über.

28. Nardo-Callunetea – Borstgrasrasen und Zwergstrauchheiden. Während die *Oxycocco-Sphagnetea* zumindest zum größten Teil natürliche Pflanzengesellschaften sind, stellen die *Nardo-Callunetea* vorwiegend menschlich bedingte Ersatzgesellschaften dar. Sie sind auf sauren, nährstoffarmen Böden besonders im subozeanischen und montanen Gebiet nicht selten anzutreffen.

Nardetalia: Zu dieser Ordnung werden die eigentlichen Borstgrasrasen gestellt. Sie sind vor allem im atlantischen und montanen Bereich verbreitet, wo Bodenauswaschungsvorgänge vorherrschen. Die *Nardetalia* enthalten sowohl natürliche Gesellschaften, so z. B. an Moor-Rändern, als auch halbkünstliche Ersatzgesellschaften als Folge der Rodung azidophiler Laubwälder. Etliche Borstgras-reichen Wiesen, vor allem im Norden, sind auf Überweidung und Grundwasserabsenkung zurückzuführende Degradationsstadien von Molinieten u. dgl. Diese gehören nicht zu den *Nardetalia*. In unserem Gebiet ist die Ordnung nur durch einen Verband vertreten: das *Nardo-Galion saxatilis*, das mehrere Assoziationen umfaßt.

Calluno-Ulicetalia: Hierzu gehören drei Verbände:

Calluno-Genistion: Dieser umfaßt die atlantischen Zwergstrauchheiden die fast durchweg Ersatzgesellschaften bodensaurer Wälder darstellen. Natürliche Vorkommen sind vor allem auf verheidete Hochmoore, Gebiete etwas über der Baumgrenze und auf Felsköpfe (Sandstein u. a. saure Gesteine) beschränkt.

Sarothamnion: Besenginsterheiden. Auf frischen, tiefgründigen und etwas reicheren Sand- und sandigen Lehmböden. Auch dieser Verband ist auf das atlantische und subatlantische Gebiet beschränkt und umfaßt Ersatzgesellschaften bodensaurer Eichen- und Buchenwälder.

Empetrion boreale: Im Gegensatz zu den vorigen umfaßt dieser Verband meist natürliche Gesellschaften in atlantischen Küstengebieten. Zum Teil bilden sie Dauergesellschaften an Stellen, wo durch Wind oder andere Faktoren eine Bewaldung nicht möglich ist, z. T. sind es mehr oder weniger kurzfristige Stadien, welche die Bewaldung einleiten.

Die folgenden Klassen umfassen die *Waldgesellschaften*. Wohl kaum eine Gruppe von Pflanzengesellschaften ist in soziologisch-systematischer Hinsicht so im Fluß und so umstritten wie gerade diese. Man kann fast sagen, daß beinahe jeder Autor, der sich näher mit der Soziologie von Waldgesellschaften beschäftigt hat, sein eigenes System, oft bis in die höchsten Einheiten, entwickelte. Die jüngst erschienene Zusammenstellung von Moor (1960) gibt ein gutes Bild der Vielfalt der zur Systematik der Waldgesellschaften geäußerten Meinungen. Die Gründe für diese Situation dürften im großen und ganzen in folgendem zu suchen sein.

1. Einige Gesellschaftsgruppen sind in ihren Optimalgebieten noch unzureichend bekannt; die bisherigen Gliederungen wurden vor allem in Gebieten gewonnen, in denen sie bereits ausklingen. Die Systematik dieser Gesellschaften hat daher mehr provisorischen Charakter und unterliegt mit fortschreitenden Kenntnissen entsprechenden Veränderungen. Dies gilt vor allem für die Nadelwälder und auch für die xerothermen Waldgesellschaften (auf die gleiche Erscheinung hatten wir bereits auf S. 127 bei den Steppengesellschaften hingewiesen).

2. Im Gegensatz dazu liegt über die mitteleuropäischen Wälder so *viel* Material vor, daß es für den einzelnen sehr schwer ist, sich einen genügenden Überblick zu verschaffen und nicht Gefahr zu laufen, die lokalen Verhältnisse des eigenen Untersuchungsgebietes überzubetonen.

3. Wir wissen, daß gerade die Waldgesellschaften diejenigen Pflanzengesellschaften sind, die am längsten der menschlichen Einwirkung unterliegen und die in der mannigfachsten Weise verändert wurden. Für die Herausarbeitung der systematischen Grundzüge ist jedoch eine einheitliche Basis erforderlich: Vergleiche lassen sich eben nur an Hand von vergleichbarem Material vornehmen. Die Basis hierfür können aber nur *natürliche oder naturnahe Waldgesellschaften* abgeben. Ihre Ermittlung ist oft außerordentlich schwierig und zudem aus der Literatur häufig nicht zu ersehen.

4. Für die Systematik der Waldgesellschaften wurden von den Bearbeitern verschiedene Gesichtspunkte zur Grundlage genommen. Einige erachteten die Holzartenkombination als maßgebliches Kriterium, andere wiederum die Bodenflora. Die einen versuchen auf induktivem Weg (streng über die Tabellenarbeit) zu einer Gliederung zu gelangen, andere bauen das System mehr deduktiv auf, indem z. B. chorologische oder ökologische Kriterien für die Aufstellung der umfassenderen Einheiten herangezogen werden. Aus diesen divergierenden Betrachtungsweisen resultieren recht unterschiedliche systematische Auffassungen.

Es ist hier nicht möglich, das Für und Wider der Meinungen darzulegen. Festzustellen bleibt nur, daß keine der vielen Gliederungen der Waldgesellschaften bisher ungeteilten Beifall gefunden hat. Eine befriedigende Lösung zu erarbeiten ist eine der Aufgaben künftiger pflanzensoziologischer Forschung. Da viele Einheiten noch mehr oder weniger problematisch sind, möchten wir von dem bisherigen

Verfahren absehen, in jedem Fall kurze Charakteristiken der Klassen, Ordnungen usw. zu geben. Wir wollen lediglich versuchen, die großen Züge der Gruppierung einiger Waldgesellschaften und deren Abwandlung zu umreißen.

Im großen und ganzen lassen sich fünf Hauptgruppen von Waldgesellschaften unterscheiden:

1. die westeuropäisch-atlantischen *Eichen-Birkenwälder*, die auf weitgehend ausgewaschenen und daher nährstoffarmen und sauren Böden vorkommen (*Querceta robori-petraeae*),

2. die osteuropäisch-borealen *Nadelwälder*, die in Mitteleuropa im allgemeinen nur Sonderstandorte und höhere Lagen einnehmen (*Vaccinio-Piceetea*),

3. die mitteleuropäischen *Edellaubmischwälder* (*Querco-Fagetea*),

4. die süd- und südosteuropäischen thermophilen *Flaumeichenwälder*, die an geeigneten Standorten weit nach Mitteleuropa vorstoßen, hier floristisch aber schon recht stark abgeändert sind und sich mit den Elementen der Edellaubmischwälder vermischen (*Quercetea pubescenti-petraeae*),

5. die ökologisch und floristisch verhältnismäßig isolierten und daher gut von den anderen getrennten *Erlenbruchwälder* (*Alnetea glutinosae*).

Diese fünf Gruppen werden im allgemeinen als Klassen betrachtet. Bei den Flaumeichenwäldern ist die Meinung geteilt: Viele Pflanzensoziologen betrachten. sie als Ordnung der *Querco-Fagetea*. Bisher weitestgehend einheitlich ist lediglich die Auffassung der *Alnetea* als Klasse. Sie wollen wir daher auch zuerst behandeln.

29. Alnetea glutinosae – Erlenbruchwälder. Die Klasse umfaßt nur eine Ordnung und diese einen Verband jeweils gleichen Namens. Die Erlenbruchwälder gehen meist im Zuge der Sukzession aus *Magnocaricion*-, seltener aus Torfmoosreichen Gesellschaften hervor. Je nach dem Grad der Vernässung und dem Nährstoffgehalt lassen sich etliche Vegetationseinheiten unterscheiden, die als Assoziationen oder Subassoziationen aufgefaßt werden. Wichtigste *Alnion*-Gesellschaft unseres Gebietes ist das *Carici elongatae-Alnetum*, das vornehmlich im mesotrophen Bereich ausgebildet ist. In diesem gehen die Alneten im Laufe der weiteren Entwicklung oft in feuchte Eichen-Birkenwälder über, im eutrophen Bereich in Erlen-Eschenwälder.

30. u. 31. Quercetea robori-petraeae und Vaccinio-Piceetea. Die *Quercetea robori-petraeae*, die in West- und Mitteleuropa nur eine Ordnung und einen Verband umfassen, haben ihr Optimum eindeutig im atlantischen Bereich. Diese Eichen-Birkenwälder sind recht artenarm und kommen vor allem auf basenarmen, zur Rohhumusbildung und Podsolierung neigenden Sand- und Silikatverwitterungsböden vor. Sie haben damit gewisse ökologische Beziehungen zu den borealen Nadelwäldern, mit denen sie im baltischen Bereich durch einen breiten Übergangsgürtel verbunden sind. Die Übergangszone, die etwa das Gebiet zwischen den Westgrenzen von Kiefer und Fichte umfaßt, ist auf entsprechenden Standorten durch das Vorkommen von Eichen-Kiefernwäldern gekennzeichnet, denen sowohl die ausgesprochen atlantischen wie die ausgesprochen boreal-kontinentalen Arten fehlen. Zum Teil hat man für diese sogar einen besonderen Verband, das *Pino-Quercion*, gebildet, das als westlichste Ausbildung der *Vaccinio-Piceetea* aufgefaßt wird. Auf der anderen Seite reichen einige weitverbreitete boreale Arten, wie Heidel- und Blaubeere oder der Siebenstern, sehr weit ins *Quercetea robori-petraeae*-Gebiet nach Westen; dies wiederum hat gelegentlich zu Versuchen geführt, beide Klassen zu einer zusammenzufassen (*Betulo-Pinetea*, oder noch weitergehend unter Einschluß auch des *Luzulo-Fagion*:*Querco-Piceetea*). Bezeichnenderweise sind derartige Zusammenfassungen von Pflanzensoziologen vorgeschlagen worden, die vor allem in dem erwähnten Übergangsgebiet gearbeitet haben, in dem die *Quercetea robori-petraeae* und die *Vaccinio-Piceetea* in der Tat oft schlecht zu trennen sind. Trotzdem ist die Gesamtartenkombination beider Klassen doch so verschieden, daß die bisherige geographische Trennung durchaus berechtigt erscheint.

In Mitteleuropa sind natürliche Nadelwälder nur in den höheren Lagen der Mittelgebirge anzutreffen, wobei hier die *Fichte* die wichtigste Holzart darstellt. Diese Gesellschaften werden zum Verband des *Vaccinio-Piceion* gerechnet.

Weitere Vorkommen der *Vaccinio-Piceetea* sind im planaren Bereich auf Sonderstandorte beschränkt. So reichen natürliche, von der *Kiefer* beherrschte Nadelwälder auf Dünen — wo sie im Zuge der Sukzession auf Trockenrasen folgen und ein mehr oder weniger kurzlebiges Pionierstadium des Waldes bilden — und auf ähnlichen trockenen Sonderstandorten verhältnismäßig weit nach Westen. Diese Gesellschaften gehören nach neueren Untersuchungen zu einem eigenen Verband, dem *Dicrano-Pinion*.

Eine andere Gruppe von Nadelwaldgesellschaften zieht sich in unserem Gebiet auf nährstoffarme, feuchte und kalte Standorte auf Mooren zurück. Sie wurden bisher meist als eigene Ordnung (*Vaccinietalia uliginosi*), ja sogar als selbständige Klasse aufgefaßt. Die beiden bisher unterschiedenen Verbände, das *Betulion pubescentis*, das die *Birkenbrüche* umfaßt, und das *Ledo-Pinion*, zu dem die *Kiefern-Hochmoor-* und Kiefern-Zwischenmoorwälder gerechnet werden, gehören wohl auch zur Ordnung der *Vaccinio-Piceetalia*.

Die bei uns so häufig anzutreffenden Kiefern- und Fichtenbestände sind dagegen durchweg Ersatzgesellschaften von Laubmischwäldern. Sie haben nichts mit den *Vaccinio-Piceetea* zu tun.

32. Querco-Fagetea. Zu dieser Klasse gehört der überwiegende Teil der mitteleuropäischen Laub(misch)wälder. Es lassen sich mehrere Gruppen unterscheiden, die floristisch wie ökologisch getrennt sind. Eine Gruppe wird von den Waldgesellschaften auf ärmeren und sauren Böden gebildet. Diese weist dementsprechend Beziehungen zu den *Quercetea robori-petraeae* und den *Vaccinio-Piceetea* auf, so daß manche Vegetationseinheiten von diesen schwer zu trennen sind. Die Gesellschaften dieser Gruppe werden im allgemeinen zum Verband oder Unterverband des *Luzulo-Fagion* gestellt, den man wiederum zur Ordnung der *Fagetalia* rechnet. Es gibt in letzter Zeit auch Versuche, das *Luzulo-Fagion* zusammen mit anderen azidophilen Laubwaldgesellschaften einer besonderen Ordnung (*Luzulo-Fagetalia*) zu unterstellen oder es gar den *Quercetea robori-petraeae* zuzuordnen.

Die Waldgesellschaften auf reicheren Standorten kann man im großen und ganzen in zwei Gruppen gliedern: in eine, die eine kühlere, und eine, die eine wärmere Klimatönung bevorzugt. Zu der „kühleren" Gruppe gehört das Gros der von der Buche beherrschten Wälder auf nährstoffreicheren und frischen Standorten, das vielfach zum Unterverband der *Eu-Fagion* gestellt wird. Je nach den Nährstoffverhältnissen, der Bodenfrische usw. sind verschiedene Assoziationen ausgebildet. Im montanen Bereich tritt häufig die Tanne hinzu, und die gesamte Artenkombination erfährt eine entsprechende Abwandlung; z. T. werden diese Gesellschaften noch zum *Eu-Fagion* gerechnet (z. B. das *Abieti-Fagetum*), z. T. zeigen sie in höheren Lagen bereits Beziehungen zu *Vaccinio-Piceetea*-Gesellschaften. Die Gesellschaften des letztgenenannten Bereichs hat man auch zu einem besonderen Unterverband (des *Fagion*) gestellt, zum *Abieti-Piceion*. Eine andere Abwandlung der *Fagion*-Gesellschaften stellen die Schluchtwälder und die Wälder an steileren Nordhängen dar; diese sind meist reich an Bergahorn, Bergulme, Esche, an Hochstauden usw. Sie werden oft ebenfalls zu einem besonderen Unterverband des *Fagion* gerechnet, dem *Acerion*. Der Verband des *Fagion*, zu dem die genannten Unterverbände gehören, wird seinerseits der Ordnung der *Fagetalia* zugerechnet.

Zur „wärmeren" Gruppe kann man die Buchen- und Buchenmischwälder auf meist flachgründigeren und kalkreichen Standorten zählen. Zum Teil werden sie ebenfalls zu einem besonderen *Fagion*-Unterverband, dem *Cephalanthero-Fagion* gestellt. Weiterhin gehören zu dieser Gruppe auch die besonders in planaren und kollinen Lagen auf tiefgründigen Böden vorkommenden Eichen-Hainbuchenwälder. Diese im einzelnen sehr mannigfaltig ausgebildeten Gesellschaften werden oft zu einem besonderen Verband gestellt, dem *Carpinion betuli*, das gleichfalls zur Ordnung der *Fagetalia* gehört. Das *Carpinion* läßt eine Reihe von geographisch bedingten Ausbildungsformen erkennen, die von einigen Pflanzensoziologen als Unterverbände bezeichnet werden. Im mitteleuropäischen Gebiet dürften sich drei solcher Gruppen (bzw. Unterverbände) unterscheiden lassen: eine atlantisch-subatlantische Gruppe, die durch das Vorkommen von etlichen atlantischen Elementen gekennzeichnet ist (der Unterverband des *Pulmonario-Carpinion*), eine „eu-mitteleuropäische", der sowohl atlantische als auch subkontinentale Arten fehlen (Unterverband *Galio-Carpinion*), und eine vorwiegend osteuropäische Gruppe mit etlichen subkontinentalen Arten (UV *Tilio-Carpinion)*. Letztere ist in den wärmsten Gebieten, z. B. im Mitteldeutschen Trockengebiet auf tiefgründigen Lößböden, nicht selten.

Sowohl das *Cephalanthero-Fagion* wie die *Carpionion*-Gesellschaften zeigen in submontanen Gebieten gewisse Änderungen und nähern sich dort den *Eu-Fagion*-Gesellschaften; auf der anderen Seite sind auch Übergänge zu den xerothermen Laubmischwäldern des *Quercion pubescenti-petraeae* nicht selten. Daß in diesen Fällen Abgrenzungsschwierigkeiten auftreten, überrascht nicht weiter. Die Fassung gerade der *Carpinion betuli*-Gesellschaften ist auch aus einem weiteren Grund recht schwierig. Die Standorte, die diese Gesellschaften besiedeln, eignen sich nämlich durchweg sehr gut für den Ackerbau. Man findet daher nur noch wenige Waldreste, die eine pflanzensoziologische Untersuchung gestatten.

Eine vierte Gruppe bilden schließlich solche *Querco-Fagetea*-Gesellschaften, bei denen die Bodenfeuchtigkeit den wesentlichsten Standortsfaktor darstellt. Diese Gruppe wird meist zu einem Verband, dem *Alno-Ulmion* zusammengefaßt. Die systematische Stellung des *Alno-Ulmion* ist noch umstritten; teils wird es den *Fagetalia* unterstellt, teils der eigentlich mediterranen Ordnung der *Populetalia* usw. Zum *Alno-Ulmion* gehören im wesentlichen zwei Gesellschaftsgruppen: einmal die mit den Erlenbrüchen in Beziehung stehenden Erlen-Eschenwälder, Bach-Erlenwälder u. dgl., die von einigen Soziologen zu dem Unterverband des *Alno-*

Fraxinion zusammengefaßt werden. Zum anderen gehören hierher die eigentlichen Auenwälder (Hartholzaue), die zu einem anderen Unterverband, dem *Ulmion*, gestellt werden. – Die Weichholzauen, in denen Baumweiden die wichtigsten Holzarten sind, wie auch andere Weiden-Gesellschaften werden neuerdings nicht mehr zum *Alno-Ulmion* (und damit zu den *Querco-Fagetea*) gerechnet, sondern sogar zu einer selbständigen Klasse (*Salicetea purpureae*) gestellt. Auf diese wollen wir jedoch nicht weiter eingehen.

Zum Schluß seien noch die xerothermen Waldgesellschaften erwähnt.

33. Quercetea pubescenti-petraeae. Die wärmeliebende Eichen-Mischwälder – oft als „Steppenheidewälder" bezeichnet – haben ihre Hauptverbreitung und -entfaltung im Submediterrangebiet sowie in der montanen Stufe der Mediterraneis. Nach Mitteleuropa reichen sie nur in inselartigen Vorkommen hinein und sind hier in den trockensten Gebieten auf meist flachgründigen Kalkböden oft in Südhanglage zu finden. Entsprechend ihrem Ausklingen nach Norden verarmen hier die Gesellschaften an kennzeichnenden xerothermen Arten, enthalten dafür in zunehmendem Maß mesophile bzw. subkontinentale Arten der *Fagetalia*. Auf die Beziehungen zum *Cephalanthero-Fagion* und zum *Carpinion betuli* wiesen wir bereits hin. Dies ist der Grund, weshalb viele mitteleuropäische Pflanzensoziologen die xerothermen Eichenmischwälder zu den *Querco-Fagetea* stellen und ihnen nur den Rang einer Ordnung (*Quercetalia pubescentis*) zuerkennen, die ihrerseits wiederum nur einen Verband, das *Quercion pubescenti-petraeae*, enthält. Wie bei anderen Pflanzengesellschaften können auch bei diesen die soziologisch-systematischen Fragen nicht auf Grund der mitteleuropäischen, d. h. nur randlichen Ausbildungsformen gelöst werden, sondern durch Untersuchungen in den Optimalgebieten. In dieser Hinsicht ist durch die Arbeit von JAKUCZ (1961) ein erheblicher Fortschritt erzielt worden.

Je nach den Standortverhältnissen im einzelnen sind bei uns verschiedene Assoziationen des *Quercion pubescenti-petraeae* ausgebildet; so das *Potentillo-Quercetum*, das *Lithospermo-Quercetum* usw.

VI. Anwendungen der Pflanzensoziologie

Die Anwendungsgebiete der Pflanzensoziologie sind außerordentlich mannigfaltig. Sie liegen sowohl im Bereich der verschiedensten Sparten der Praxis als auch einiger anderer Wissenschaftszweige. Schon in der Anfangszeit war die pflanzensoziologische Forschung eng mit der Praxis verbunden, ja sie verdankt viele ihrer Erkenntnisse gerade der Bearbeitung unmittelbar praktischer Aufgaben. Auf der anderen Seite wuchs ihre Anwendbarkeit umso mehr, je weiter die pflanzensoziologische Forschung sich entwickelte. Die fruchtbare Wechselwirkung zwischen „reiner“ Wissenschaft und Praxis, die für viele Fachgebiete gilt, trifft uneingeschränkt auch für die Pflanzensoziologie zu.

Der überwiegende Teil der Anwendungsbereiche beruht darauf, daß jeder Pflanzengesellschaft, wenn sie nur scharf genug gefaßt und klar umgrenzt ist, ganz bestimmte Standortsverhältnisse eigen sind und daß daher umgekehrt die Pflanzengesellschaften als Zeiger eben dieser Standortsverhältnisse verwendet werden können. Überall da, wo die Kenntnis des *Gesamtstandortes* erforderlich ist, sind Pflanzengesellschaften als Indikatoren unentbehrlich, da auf sie ja *alle* Umweltfaktoren einwirken und sie diese widerspiegeln. Die Analyse aller dieser Faktoren wäre meist viel zu umständlich und zeitraubend. Dazu kommt, daß ein einzelnes Meßergebnis oft nicht allzu viel besagt, da der betreffende Faktor im Laufe eines Jahres oder gar längerer Zeiträume erheblich schwanken kann. Damit soll der Wert derartiger Untersuchungen jedoch keineswegs gemindert werden; sie sind für die *Eichung* der Pflanzengesellschaften unumgänglich. Es ist aber ein großer Unterschied, ob man an allen zu untersuchenden Stellen u. U. langwierige Meßreihen anlegen muß oder ob man mit wenigen „Eichstellen“ auskommt.

Von besonderer Wichtigkeit für die Lösung von Aufgaben mit praktischer Zielsetzung ist vielfach die Kenntnis der potentiellen natürlichen Vegetation. Da die natürliche Vegetation eben das darstellt, was der Standort zu leisten, zu produzieren vermag, kennzeichnet sie dadurch auch das natürliche Ertragspotential des betreffenden Standortes. Diese Kenntnisse bilden oft erst die Grundlage für andere Schlußfolgerungen.

Zu den wohl am längsten gepflegten praktischen Anwendungsgebieten der Pflanzensoziologie gehören die Forstwirtschaft und die Grünlandwirtschaft. Man kann wohl ohne Übertreibung sagen, daß es nur wenige Pflanzensoziologen gibt, die nicht auf diesen Gebieten gearbeitet hätten. Die Grundprobleme dieser beiden Bereiche sind dabei in pflanzensoziologischer Hinsicht i. allg. recht unterschiedlich. Bei der **Forstwirtschaft** steht in der Regel die Frage im Vordergrund, welche Holzarten auf einem bestimmten Standort angebaut werden können, ohne daß dieser eine Schädigung in seiner nachschaffenden Kraft erfährt, bzw. welche wirtschaftlichen Maßnahmen zu ergreifen sind, um bereits eingetretene Schädigungen rückgängig zu machen. Die Erhöhung der Leistungsfähigkeit, d. h. der Produktion, bezieht sich dabei vor allem auf die Möglichkeit der Einbringung von *Wirtschaftsholzarten*. — Der Nutzholzbedarf der Wirtschaft besteht in sehr hohem Maß in Nadelholz. Da es bei uns nur recht wenige natürliche Nadelholzstandorte gibt, können diese den Bedarf nicht annähernd decken, während andererseits unsere Waldgesellschaften auch Holzarten enthalten, für die die Wirtschaft weniger Verwendung hat. Aus diesem Grund sind besonders im vorigen Jahrhundert fast überall ausgedehnte Nadelholzforste an Stelle von Laubwäldern begründet worden. Dies geschah jedoch oft ohne Berücksichtigung der Standortsverhältnisse und führte z. T. zu erheblichen Standortsschädigungen. Man bemüht sich daher zu ermitteln, in welchen Waldgesellschaften und in welchem Ausmaß Nadelhölzer ohne Gefährdung des Standortes eingebracht werden können. Zur Lösung dieser Frage, d. h. der Aufstellung von *Bestockungszieltypen*, vermag die Pflanzensoziologie wesentlich beizutragen. Ausgangspunkt hierfür ist die Kenntnis der natürlichen Waldgesellschaft. Durch deren Vergleich mit Beständen auf entsprechenden Standorten, die jedoch eine vom natürlichen Waldbild abweichende Bestockung aufweisen, kann der Anteil an geeigneten Nutzhölzern ermittelt werden, die keine Standortschädigung hervorrufen. Als Regel gilt dabei: Je weniger die Bodenvegetation unter anderen Bestockungen gegenüber derjenigen der natürlichen Waldgesellschaft abweicht, um so geringer ist die

Gefahr einer nachteiligen Auswirkung auf den Standort. Selbstverständlich bezieht sich der Anwendungsbereich der Pflanzensoziologie in der Forstwirtschaft keineswegs etwa nur auf die Ermittlung eines möglichen Nadelholzanteils. Dies ist nur eine von vielen Anwendungsmöglichkeiten.

Die Erfassung der natürlichen Waldgesellschaften erfolgt, wie die obigen Ausführungen gezeigt haben mögen, keineswegs mit dem Ziel, etwa überall eine Rekonstruktion der natürlichen Holzartenkombinationen anzustreben, sondern um Unterlagen für den Aufbau eines biologisch gesunden und produktionshohen Wirtschaftswaldes zu liefern. Die Zugrundelegung des natürlichen Standortspotentials ist gerade bei waldbaulichen Belangen unbedingt notwendig, da die Forstwirtschaft mit ihren langen Produktionszeiten und den im Grunde genommen extensiven Bewirtschaftungsmaßnahmen besonders stark von den natürlichen Gegebenheiten abhängig ist. Fehler in der Bewirtschaftung wirken sich hier verständlicherweise viel schwerer — nämlich nachhaltiger — aus als bei kurzfristigen Kulturen, etwa der Landwirtschaft. Pflanzensoziologische Untersuchungen sind daher seit vielen Jahren ein integrierender Bestandteil der bei uns weitgehend ausgebauten *forstlichen Standortserkundung*.

In der Forstwirtschaft wird der Standort im allgemeinen als etwas *Gegebenes* betrachtet, den es maximal auszunutzen gilt. Eine Änderung des Standortes mit dem Ziel seiner Verbesserung durch meliorative Maßnahmen (z. B. Düngung) spielt meist keine große Rolle, wenn man von Entwässerungen einmal absieht. Letztere sind nahezu die einzigen meliorativen Eingriffe. Durch sie kann jedoch eine mehr oder weniger tiefgreifende Standortsveränderung erfolgen. Die Pflanzensoziologie ist in diesen Fällen durchaus in der Lage, anzugeben, in welcher Richtung die daraufhin einsetzende Vegetationsentwicklung verläuft und mit welchen waldbaulichen Maßnahmen die natürliche Sukzession beschleunigt werden kann.

Bei der **Grünlandwirtschaft** stehen dagegen Meliorationen vielfach im Vordergrund. Meist handelt es sich hierbei um wasserwirtschaftliche Maßnahmen – wobei Entwässerungen überwiegen –, oft verbunden mit Düngung usw. Dadurch soll der Standort verändert werden. Der Pflanzensoziologe hat die Aufgabe, sowohl Hinweise für die Art der Meliorationsmaßnahmen zu geben (z. B. wie tief die Grundwasserabsenkung erfolgen soll), als auch einzuschätzen, wie diese sich auf die Ertragsleistung auswirken werden. Bei diesen Aufgaben werden in einem sonst einheitlichen Gebiet zunächst die Pflanzengesellschaften genau untersucht, wobei die Gliederung bis in die kleinsten durch Differentialarten unterscheidbaren Einheiten gehen muß. Die Vegetationseinheiten werden dann nach der Höhe des festgestellten Grundwasserspiegels angeordnet, außerdem wird deren Ertrag ermittelt. Auf Grund dieser Untersuchungen ist es für den Pflanzensoziologen meist nicht schwierig anzugeben, bei welchem Grundwasserstand die ertragreichste Pflanzengesellschaft wächst bzw. ein Maximum an Ertrag zu erzielen ist. Wichtig ist bei derartigen Fragen, sich *vor* der Durchführung meliorativer Maßnahmen im klaren zu sein, welche Folgen diese auch auf die umliegenden Bereiche haben. Es hätte selbstverständlich wenig Sinn, auf einer kleinen Fläche optimale Verhältnisse zu schaffen, aber weit größere Flächen dadurch zu schädigen. Genaue Vegetationskarten großen Maßstabes liefern die sichersten Unterlagen zur Beurteilung dieser Zusammenhänge. Die pflanzensoziologische Untersuchung eignet sich selbstverständlich auch zur Ermittlung einzelner Standortsfaktoren. Hierbei ist das Arbeiten mit geeichten ökologischen Artengruppen besonders vorteilhaft (s. S. 88ff).

Erhebliche Bedeutung hat die Pflanzensoziologie auch für die Ermittlung des *Futterwertes*. Aus der Höhe des Ertrages in dt/ha allein läßt sich der Wert des Grünlandes nicht beurteilen, da diese Zahlen nichts über die Güte des Heues aussagen. Diese hängt weitgehend davon ab, wie hoch der Anteil an wertvollen Futterpflanzen ist.

Durch die pflanzensoziologische Analyse (die hierfür nach dem Massenanteils-Verfahren – s. S. 26 – erfolgen muß) lassen sich solche Angaben gewinnen. Gut bewährt hat sich die Berechnung des Futterwertes nach der Formel von Ellenberg (1952): Futterwert $F = G + \frac{1}{2} M + \frac{1}{4} S - 2\,Gi$. Hierbei bedeutet G = die Masse der guten Futterpflanzen, M = die der mittelmäßigen, S = die der schlechten und Gi = die der Giftpflanzen. Hinsichtlich der Einstufung der Arten gibt es eine recht umfangreiche Literatur (vgl. z. B. Ellenberg, 1952; Knapp, 1949 usw.). Auch für die Ermittlung von *Ansaatgemischen* konnte die Pflanzensoziologie erfolgreich herangezogen werden.

Eine wichtige Anwendungsmöglichkeit hat die Pflanzensoziologie weiterhin bei der Begrünung unbewachsener Böden und der **Ödlandkultivierung.** Letztere stellt meist eine Aufforstung dar und ist insofern eng mit dem Problemkreis Pflanzensoziologie-Forstwirtschaft verbunden. Versuche, Ödländereien direkt mit denjenigen Holzarten aufzuforsten, die schließlich den Bestand bilden sollen, endeten nicht selten mit Mißerfolgen. Das Gelingen solcher Vorhaben setzt die Berücksichtigung der Entwicklungstendenzen der Vegetation voraus. Die Pflanzensoziologie ist mit ihrem reichen Erfahrungsgut auf dem Gebiet der Sukzessionen besonders geeignet, in solchen Fällen Hinweise zu geben. Es hat sich vielfach bestätigt, daß Kultivierungen auf lange Sicht am erfolgreichsten sind, wenn auf Grund der syndynamischen Kenntnisse *mit* den Entwicklungskräften gearbeitet wird, nicht aber ohne oder gar gegen sie. Ein solches, wissenschaftlich begründetes Vorgehen bei der Ödlandkultivierung vermag am schnellsten und billigsten zum Erfolg zu führen.

Ganz ähnlich liegen die Verhältnisse auch bei der Anpflanzung von *Windschutzstreifen.* Für die Ermittlung geeigneter Gehölze und zuverlässiger Anbauverfahren wurden vielfach pflanzensoziologische Untersuchungen herangezogen. Daß für diese Fragen das Studium der

Gebüsch- und Mantelgesellschaften besonders wichtig ist, wurde bereits an anderer Stelle betont.

Die Erkenntnisse der Syndynamik spielen weiterhin bei der *Begrünung von Straßenböschungen* u. dgl. eine bedeutende Rolle. Besonders bei durchlässigen Quarzsanden versagen die handelsüblichen Rasenmischungen fast durchweg. Die anspruchsvollen Futtergräser und Klee-Arten dieser Mischungen sind für solche oft extrem trockenen und armen Standorte, die zudem noch Rohböden darstellen, ungeeignet. Selbst beim Aufbringen von Rasensoden gehen diese Arten in der Regel nach wenigen Jahren ein. Die Untersuchung des Entwicklungsverlaufs von Sandtrockenrasen ermöglichte auch in diesen Fällen geeignete Vorschläge. Zum Beispiel kann die Festlegung des Substrates und die Bodenbildung durch Corynephoreten eingeleitet werden, die nach einer gewissen Zeit in Schafschwingel-Grasnelken-Rasen überführt werden.

Ödlandaufforstungen, Windschutzpflanzungen usw. gehören zum Aufgabengebiet der *Landschaftsgestaltung*; sie dienen dem Ziel, eine gesunde, ausgeglichene und damit optimal nutzbare Landschaft zu schaffen. Immer mehr setzt sich die Erkenntnis durch, daß Bewirtschaftungsformen, die den Gesetzen der natürlichen Wuchsbedingungen zuwiderlaufen, mehr oder weniger schnell schwere Schäden verursachen, auch wenn sie vielleicht im Augenblick hohe Erträge zu bringen scheinen. Man denke nur an die enormen und auch beim heutigen Stand der Technik nicht zu beseitigenden Erosionsschäden in Nordamerika, die durch landwirtschaftliche Nutzungsweisen verursacht wurden, die den natürlichen Gegebenheiten nicht entsprachen. Auch bei uns gibt es dafür genügend Beispiele.

Die Möglichkeiten der Pflanzensoziologie sind auf dem Gebiet der Landschaftsgestaltung und Landschaftsplanung sehr vielfältig, bisher jedoch erst recht wenig genutzt. Auf diese Fragen sei nicht näher eingegangen; es sei nur auf die Erforschung des Vegetationspotentials hingewiesen, dessen Kenntnis eine Grundlage für viele Planungen des Anbaues, der Bewirtschaftung usw. abgeben kann.

Da Planungen, soweit sie in den Bereich der biologischen Produktion fallen, nicht unabhängig von den biogeographischen Gegebenheiten erfolgen können, spielt hierfür auch eine gut fundierte *Landschaftsgliederung* eine beträchtliche Rolle. Auch auf diesem Gebiet vermag die Pflanzensoziologie grundlegende Unterlagen beizusteuern. Besonders im Bereich der Forstwirtschaft wurde solchen Untersuchungen, d. h. der Ausscheidung von Waldgebieten, Wuchsbezirken usw., schon seit langem großer Wert beigemessen. So arbeitet z. B. die forstliche Standortserkundung in der DDR auf der Grundlage derartiger vegetationskundlich-standortsgeographischer Gebietsgliederungen. Man kann sagen, daß die Durchführung territorialer Planungen auf Grund dieser Einheiten bereits Allgemeingut in der Forstwirtschaft geworden ist. Auch für andere Bereiche unserer Wirtschaft wäre ein solches Vorgehen gewiß von hohem Nutzen.

Bei den bisher erwähnten Anwendungsgebieten der Pflanzensoziologie in der Praxis konnten wir nur einiges andeuten. Die Anwendung im Bereich anderer Wissenschaftsgebiete kann ebenfalls nur kurz gestreift werden. So gibt es seit langem Beziehungen zu den verschiedensten Zweigen der Geographie. Hier sei vor allem die **Siedlungsgeographie** erwähnt. Vielfache Untersuchungen verbinden beide Gebiete z. B. bei dem seit GRADMANN behandelten Problem der vorgeschichtlichen Wohnflächen und xerothermen Pflanzengesellschaften, das unter der Bezeichnung „*Steppenheidetheorie*“ weiten Kreisen bekannt geworden ist. Pflanzensoziologische Untersuchungen — vor allem Kartierungen — vermögen auch zu einem besseren Verständnis der Lage von Siedlungen aus vorgeschichtlicher oder geschichtlicher Zeit beizutragen. So konnte KNAPP (1949) zeigen, daß die jungsteinzeitlichen Siedlungen in der Rheinebene bei Heidelberg durchweg im Bereich der Hainbuchen-Ulmen-Mischwaldlandschaft liegen; es sind dies diejenigen Gebiete, die für den Ackerbau die günstigsten Voraussetzungen bieten. An sich ist das nicht verwunderlich, da gerade in den ältesten Zeiten der Mensch viel stärker an die ackerbaulich günstigen Gebiete gebunden war als später, als ihm eine größere Auswahl von Kulturpflanzen, Anbaumethoden usw. zur Verfügung standen. Derartige enge Bindungen an bestimmte pflanzensoziologische Raum-Einheiten ließen sich auch in anderen Gebieten nachweisen. Ellenberg (1937) konnte z. B. für einige Gebiete Nordwestdeutschlands zeigen, daß die Siedlungen vorwiegend im Bereich des feuchten Eichen-Hainbuchenwaldes liegen, der dort gleichfalls die für den Menschen günstigsten Standorte darstellt. Selbstverständlich ist nicht immer an eine direkte Abhängigkeit der menschlichen Siedlungen von bestimmten Pflanzengesellschaften zu denken. Diese sind vielleicht mehr nur der Ausdruck bestimmter Standortsfaktoren, die ihrerseits erst die siedlungsgeographische Erscheinung bedingt haben. Die pflanzensoziologische Analyse vermag aber dem Siedlungsgeographen wertvolle Hinweise zu geben.

Äußerst anregende Untersuchungen, denen auf diesem Gebiet sicher eine grundlegende Bedeutung zukommt, verdanken wir in jüngster Zeit Jes Tüxen (1958). Ihm gelang es, auf Grund einer sehr eingehenden Analyse von Hackfrucht-Unkrautgesellschaften Feld- und Garten-Ausbildungsformen (die er als „Stufen" bezeichnet) zu unterscheiden und besonders bei letzteren verschiedene Altersstadien (-stufen) zu ermitteln. Selbstverständlich ist dafür eine Eichung mit historischen bzw. prähistorischen Methoden notwendig. Die relativen Altersunterschiede der Äcker und Gärten, die von den Pflanzengesellschaften angezeigt werden, müssen in eine absolute Datierung umgewandelt werden. Ist eine derartige Verknüpfung erfolgt, bieten die pflanzensoziologischen Untersuchungen jedoch die bisher einzige Möglichkeit, die Ausdehnung der verschieden alten Siedlungsflächen kartographisch zu ermitteln. Mit rein historischen Methoden ist dies nicht möglich. — Zum Beispiel gelang es diesem Forscher auch, in einem Dorf einen hochmittelalterlichen befestigten Platz in seiner Lage und Ausdehnung festzustellen, ja sogar bebaute und befestigte Bereiche auf Grund der jetzigen Ackerunkrautgesellschaften zu unterscheiden. Grabungen bestätigten später die pflanzensoziologischen Ergebnisse. Auch die Lage von Urnenfriedhöfen und prähistorischen Siedlungen waren mit diesen Methoden zu erfassen. Diese wenigen Beispiele mögen eine Vorstellung vermitteln, was die moderne Pflanzensoziologie zu leisten imstande ist. Im Grunde genommen stehen wir mit solchen Untersuchungen aber erst am Anfang. Wir sind sicher, daß noch viele und vielleicht überraschende Ergebnisse nicht nur auf dem Gebiet Pflanzensoziologie-Siedlungsgeographie bzw. Vorgeschichte, sondern auch auf anderen Gebieten erzielt werden.

Großer Wert kommt schließlich auch pflanzensoziologischen Untersuchungen im Bereich des **Naturschutzes** zu. Es ist hier nicht der Ort, auf die Aufgaben oder die Bedeutung des Naturschutzes einzugehen. Wir müssen uns, selbst auf die Gefahr der Einseitigkeit bezichtigt zu werden, auf wenige Bemerkungen beschränken. Im Vorhergehenden wurde mehrfach die Bedeutung natürlicher und mancher halbkünstlicher Pflanzengesellschaften als *Eichstellen* für die Erforschung der verschiedensten Zusammenhänge sowohl hinsichtlich des Standortes als auch anderer abgeleiteter Pflanzengesellschaften hervorgehoben. In der vom Menschen umgestalteten Kulturlandschaft sind solche Stellen bereits recht selten geworden bzw. in stetem Abnehmen begriffen. Gerade derartige „Forschungslaboratorien der Natur“ einzurichten, zu erhalten und auszuwerten, ist eine der vornehmsten Aufgaben des Naturschutzes. Man wird solche Stellen auch in Zukunft als Ausgangspunkte für vergleichende Untersuchungen immer wieder benötigen. Dabei ist es wichtig, wirklich kennzeichnende Stellen als Naturschutzgebiete auszuwählen. Soweit diese botanischen Charakter tragen, ist sicher kaum jemand zur Auswahl und Umgrenzung besser geeignet als gerade der Pflanzensoziologe. (Von Naturschutzgebieten, denen andere spezielle Fragestellungen zugrunde liegen, etwa Vogelschutzgebieten, sei hier abgesehen.) Er wird auch angeben können, welche Maßnahmen getroffen werden müssen, damit das Naturschutzgebiet im gewünschten Zustand bleibt, d. h. seinen Wert behält. Keineswegs ist nämlich immer ein absoluter Schutz angebracht. Zum Beispiel müssen manche halbkünstliche Wiesengesellschaften regelmäßig gemäht oder auch beweidet werden, damit sich nicht alsbald Sträucher und schließlich Bäume einstellen, die dann die eigentliche unter Schutz gestellte Pflanzengesellschaft verdrängen.

Darüber hinaus müssen selbstverständlich auch Naturschutzgebiete ausgeschieden werden, um seltenen oder selten gewordenen Pflanzen und Pflanzengesellschaften bzw. Tieren eine weitere Daseinsmöglichkeit zu sichern. Man möge nicht verkennen, daß die Tiere und Pflanzen unserer Heimat ein Teil unseres *Nationalen Naturerbes* sind, das zu schützen und für die Nachwelt zu erhalten unsere Pflicht ist. Daß die wissenschaftliche Erforschung der (botanischen) Naturschutzgebiete eine wesentliche Aufgabe pflanzensoziologischer Arbeit darstellt, bedarf wohl kaum einer besonderen Betonung. Die Naturschutzgebiete tragen somit wesentlich dazu bei, die Gesetze der Natur zu erforschen und zu erkennen. Erst wenn man die Gesetze der Natur kennt, kann man sie auch beherrschen!

VII. Zusammenfassung und Ausblick

In den vorhergehenden Abschnitten haben wir versucht, einen Überblick über die im Laufe der Zeit erarbeiteten Methoden der Vegetationserfassung und -gliederung zu geben und diese Methoden kritisch zu würdigen. Wir sahen, daß es viele Möglichkeiten für die Untersuchung der Pflanzendecke gibt. Manche Methoden sind für besondere Fragestellungen, manche für bestimmte Gebiete zugeschnitten, manche haben sich auch nicht bewährt.

Es gibt jedoch genügend Verfahren, die ihre Brauchbarkeit bewiesen haben; welche man davon für die Untersuchung wählt, muß sich immer nach der Fragestellung, nach der Zielsetzung der Arbeit richten. Jeder Schematismus oder gar Dogmatismus kann sich nur ungünstig auswirken.

Die mit weitem Abstand bedeutendste und erfolgreichste pflanzensoziologische Arbeitsrichtung der Gegenwart ist die von Braun-Blanquet begründete, die wir darum eingehend behandelt haben. Die analytischen Methoden dieses Forschers werden nahezu ausschließlich, die synthetisch-systematischen von dem größten Teil der Pflanzensoziologen angewendet, wenn auch z. T. in verschiedenen Abwandlungen. Gerade die enorme Fülle des Materials, das in den letzten vier Jahrzehnten mit dieser Methodik gewonnen wurde, warf immer neue Probleme auf und führte auch zu gewissen Schwierigkeiten gegenüber der anfänglichen Grundkonzeption. Jede Kritik, so berechtigt sie in Einzelpunkten auch sein mag, sollte jedoch nicht übersehen, daß die meisten Probleme überhaupt erst infolge der weitestgehenden Anwendung dieser Methodik entstehen konnten. Sie hat sich bisher aber stets als anpassungs- und erweiterungsfähig genug erwiesen, um auftauchende Probleme lösen zu können.

Nach unseren derzeitigen Kenntnissen glauben wir sagen zu dürfen, daß es kaum ernsthafte Schwierigkeiten im Bereich *lokaler* pflanzensoziologischer Bearbeitungen nach den Prinzipien von Braun-Blanquet gibt und daß damit auch einer Auswertung für die Belange der Praxis keine generellen Schwierigkeiten im Wege stehen. Zu welchen Leistungen diese Methode führen kann, haben wir u. a. im Abschnitt VI an einigen Beispielen angedeutet. Sicherlich ist auch auf dem Gebiet der lokalen pflanzensoziologischen Forschung noch mehr als genug zu tun. Als wichtige Forschungsaufgaben der nächsten Zeit lassen sich etwa anführen: die Vertiefung unserer Kenntnisse über Aufbau, Entwicklungsgeschichte und Systematik der Pflanzengesellschaften, das Studium der Beziehungen zwischen verschiedenen Pflanzengesellschaften (Ersatzgesellschaften, Kontaktgesellschaften usw.) und zu den standörtlichen Gegebenheiten.

Bei der Darstellung und Systematisierung der Pflanzengesellschaften in *regionaler* Hinsicht gibt es dagegen z. Zt. noch etliche Schwierigkeiten. Die Suche nach geeigneten Methoden im Rahmen der Lehre von Braun-Blanquet kennzeichnet viele neuere Arbeiten. Welche der vorgeschlagenen Methoden eine Lösung dieser Probleme bringen kann, muß die Zukunft zeigen.

Einen „Hegi der Pflanzengesellschaften Mitteleuropas" gibt es bis jetzt noch nicht. Wir zweifeln jedoch nicht daran, daß auch dieses Ziel eines nicht zu fernen Tages erreicht sein wird.

VIII. Literatur

Es können hier nur einige weiterführende Arbeiten und einige wenige im Text zitierte angegeben werden.

BRAUN-BLANQUET, J., Pflanzensoziologie. Wien 1951, 2. Aufl. 1952.

ELLENBERG, H., Unkrautgemeinschaften als Zeiger für Klima und Boden. Stuttgart-Ludwigsburg 1950.

— Wiesen und Weiden und ihre standörtliche Bewertung. Stuttgart-Ludwigsburg 1952.

— Aufgaben und Methoden der Vegetationskunde. — Einführung in die Phytologie. Hrsg. von H. WALTER, Stuttgart 1956, Bd. IV, Teil 1.

FUKAREK, F., Die Vegetation des Darß und ihre Geschichte. Pflanzensoziologie Bd. 12, Jena 1961.

HULTÉN, E., Atlas of the Distribution of Vascular Plants of NW Europe. Stockholm 1950.

JAKUCZ, P., Die phytozönologischen Verhältnisse der Flaumeichen-Buschwälder Südostmitteleuropas. Budapest 1961.

KLEMENT, O., Prodromus der mitteleuropäischen Flechtengesellschaften. Feddes Rep., Beih. 135 (Beitr. z. Vegetationskunde, Bd. I), Berlin 1955.

KNAPP, R., Einführung in die Pflanzensoziologie. Stuttgart; Bd. 1: 2. Aufl. 1958, Bd. 2: 1948, Bd. 3: 1949.

KRAUSCH, H.-D., Die kontinentalen Steppenrasen (Festucetalia vallesiacae) in Brandenburg. Feddes Rep., Beih. 139 (Beitr. z. Vegetationskunde, Bd. IV) Berlin 1961.

MEISEL-JAHN, S., Die Kiefern-Forstgesellschaften des nordwestdeutschen Flachlandes. Angew. Pflanzensoz. **11**, Stolzenau 1955.

MEUSEL, H., Die Vegetationsverhältnisse der Gipsberge im Kyffhäuser und im südlichen Harzvorland. Hercynia 2, H. 4, Halle 1939.

— Vergleichende Arealkunde. Berlin 1943.

MOOR, M., Zur Systematik der Querco-Fagetea. Mitt. Flor.-soz. Arb.-Gem., Neue Folge 8, Stolzenau 1960.

OBERDORFER, E., Süddeutsche Pflanzengesellschaften. Pflanzensoziologie, Bd. 10 Jena 1957.

PREISING, E., Übersicht über die wichtigsten Acker- und Grünlandgesellschaften Nordwestdeutschlands. Angew. Pflanzensoz. 8, Stolzenau 1954.

SCAMONI, A., Waldkundliche Untersuchungen auf grundwassernahen Talsanden Berlin 1950.

— Waldgesellschaften und Waldstandorte. Berlin, 2. Aufl. 1954, 3. Aufl. 1960.

— Einführung in die Praktische Vegetationskunde. Hochschulbücher für Biologie Bd. 1, hrsg. von H. BORRISS u. M. GERSCH, Berlin 1955. 2. Aufl. Jena 1963.

SCAMONI, A. u. Mitarb., Karte der natürlichen Vegetation der DDR. In: Erste Ergänzung zum Klima-Atlas für das Gebiet der DDR, Karte I/4; Berlin 1958.

SCAMONI, A. u. PASSARGE, H., Gedanken zu einer natürlichen Ordnung der Waldgesellschaften. Arch. f. Forstwesen 8, 1959.

STØRMER, P., Vegetationsstudien auf der Insel Haøya im Oslofjord. Skrifter utg. av D. Norske Vidensk.-Akad. Oslo, Mat.-Nat. Kl. 1, Nr. 9, Oslo 1938.

TÜXEN, J., Stufen, Standorte und Entwicklung von Hackfrucht- und Garten-Unkrautgesellschaften und deren Bedeutung für Ur- und Siedlungsgeschichte. Angew. Pflanzensoz. 16, Stolzenau 1958.

TÜXEN, R., Die Pflanzengesellschaften Nordwestdeutschlads. Mitt. Flor.-soz. Arb.-Gem. Niedersachsen 3, Hannover 1937.

— Grundriß einer Systematik der nitrophilen Unkrautgesellschaften in der Eurosibirischen Region Europas. Mitt. Flor.-soz. Arb.-Gem., Neue Folge 2, Stolzenau 1950.

— Das System der nordwestdeutschen Pflanzengesellschaften. a. a. O., Neue Folge 5, 1955.

Zeitschriften und Schriftenreihen pflanzensoziologischen Inhalts:

Vegetatio, Den Haag (ab 1949).

Beiträge zur Vegetationskunde (erscheinen als Beihefte in Feddes Repertorium, Berlin; ab 1955).

Mitteilungen der Floristisch-soziologischen Arbeitsgemeinschaft, Neue Folge. Stolzenau (ab 1949).

Angewandte Pflanzensoziologie, Stolzenau (ab 1951).

Pflanzensoziologie, Jena (bisher 12 Bände, ab 1931).

Bibliographien:

Bibliographia Phytosociologica. Hannover 1935, 1943. (Weitere Bibliographien der pflanzensoziologischen Literatur Deutschlands finden sich in den Bänden der Mitt. d. Flor.-soz. Arb.-Gem., Neue Folge.)

Excerpta Botanica, Sectio B, Sociologica. Stuttgart (ab 1959).

Abschluß des Manuskriptes: August 1962.

Tabelle 1. Ertragstafel von Kiefer

Alter	Ertragsklasse I	I/II	II	II/III	III	III/IV	IV	IV/V
30	11,5	10,7	9,6	8,6	7,5	6,4		
40	15,1	13,8	12,6	11,3	10	8,8	7,4	6,1
50	18,1	16,6	15,1	13,7	12,2	10,8	9,3	7,8
60	20,7	19,0	17,3	15,8	14,2	12,6	10,9	9,3
70	22,8	20,9	19,2	17,5	15,8	14,1	12,3	10,7
80	24,4	22,6	20,7	19	17,2	15,3	13,5	11,8
90	25,8	23,9	22	20,2	18,3	16,4	14,5	12,7
100	27	25,1	23,1	21,2	19,3	17,3	15,4	13,5
110	28,1	26,1	24,1	22,2	20,2	18,1	16,1	14,1
120	29	27	24,9	23	20,9	18,9	16,7	14,5
130	29,8	27,8	25,7	23,6	21,5	19,4	17,1	14,8
140	30,4	28,4	26,3	24,2	21,9	19,7		

Tabelle 2. Ertragstafel von Eiche

Alter	Ertragsklasse I	I/II	II	II/III	III	III/IV	IV	IV/V
30	11,8	10,1	8,3	6,7				
40	15,2	13,4	11,5	9,6				
50	17,7	15,9	14	12,1				
60	19,8	17,9	16,1	14,2				
70	21,6	19,7	17,8	16,0				
80	23,1	21,3	19,3	17,5	15,5	13,6	11,8	10
90	24,5	22,6	20,6	18,8	16,9	15	12,8	11
100	25,7	23,7	21,7	19,9	17,7	15,8	13,9	11,8
110	26,7	24,7	22,7	20,9	19	17	15	13,1
120	27,6	25,7	23,7	21,9	19,8	17,9	16	14,1
130	28,4	26,5	24,6	22,8	21	19,2	17,3	15,4
140	29,2	27,3	25,4	23,6	21,7	19,9	18	16,1
150	30	28,1	26,2	24,4	22,8	20,8	19	17,3
160	30,8	28,9	26,9	25,1	23,3	21,5	19,7	17,8
180	32	30,1	28,1	26,1	24,3	22,6	20,7	18,8
200	33,1	31	29	26,9				

Tabelle 3. Ertragstafel von Buche

Alter	Ertragsklasse							
	I	I/II	II	II/III	III	III/IV	IV	IV/V
30	10,1	9	8	7	6	5,1	4,1	3,2
40	14,2	13	11,8	11,5	9,3	8	6,8	5,5
50	18	16,6	15,1	13,7	12,1	10,7	9,2	7,7
60	21,4	19,8	18,1	16,4	14,7	13,0	11,3	9,6
70	24,2	22,5	20,6	18,8	16,9	15,1	13,2	11,4
80	26,7	24,9	22,9	20,9	18,9	17	15	13
90	29	26,9	24,9	22,9	20,8	18,7	16,6	14,6
100	30,9	28,9	26,7	24,6	22,4	20,3	18,9	16
110	32,7	30,5	28,3	26,1	23,9	21,7	19,5	17,3
120	34,2	32	29,7	27,5	25,2	22,9	20,7	18,4
130	35,6	33,3	30,9	28,6	26,2	24	21,6	19,4
140	36,8	34,4	32	29,5	27	24,7	22,3	20,1
160	37,9	35,3	32,9	30,3	27,7	25,3	22,9	20,7
180	38,8	36	33,5	30,9	28,2	25,7	23,4	21,3

X. Sachregister

Die hauptsächliche Behandlung eines Begriffes bzw. seine Definition ist durch *kursive* Seitenzahlen angegeben

Das vorliegende Taschenbuch berichtet über

- die Entwicklung der Pflanzensoziologie zu einem selbständigen, für die Praxis wichtigen Wissensgebiet, ihren gegenwärtigen Stand und die Anwendungsmöglichkeiten
- die verschiedenen Wege zur Untersuchung der Vegetationsdecke
- die wichtigsten Pflanzengesellschaften

WISSENSCHAFTLICHE TASCHENBÜCHER

www.ingramcontent.com/pod-product-compliance
Lightning Source LLC
La Vergne TN
LVHW092106300926
849161LV00002B/56